図とイラストで
わかりやすく解説！

はじめにひらく

Data Science

# データサイエンスの本

文系のための論理的・批判的思考を育成するプログラム

著者

## 加藤 明

金木犀舎

# はじめに

　この本は、データサイエンスについての基礎的な内容（分散や標準偏差、偏差値など）の習得だけでなく、求めたデータをよりよく活用する方法を明らかにするための本です。換言すると、データをどのように読み取り、どのように問題解決に役立てればよいのかなど、データサイエンスを支える見方・考え方〈リーディング・リテラシー（読解力）〉、そしてウェル・ビーイングな生活をおくるための資質・能力の育成がねらいです。

　そのために大切なのが論理的・批判的思考力、なかでも汎用性が高い推論の方法として挙げられる帰納的推論・演繹的推論・仮説的推論およびデータ科学推論を使いこなせるようになることです。

　本書ではこれらの事項について、「おもしろそうだ、やってみたい」と知的好奇心を喚起する、適切で良質な問題の解決を通してしっかりと確実に力が身につくようプログラム化しました。問題の内容は、小学校教員をめざす文系の学生との授業で取り上げ、好評だったものがベースになっています。中学生なら（6年生でも平方根の知識を学習すれば）背伸びをして粘り強く考えれば解決できます。

　時間も忘れて熱中、没頭し、解けたときの喜び、感動を味わいながら、データサイエンスの見方・考え方と知的好奇心を養ってください。

　書名に掲げた「ひらく」は「開く」であり、開き方を身に付け、これまで見えなかった、知らなかった世界を開くとともに、自分の可能性を開いてほしい、という願いから付けたものです。

　脱稿し振り返るといい仕事ができたと満足するとともに、度重なる加筆修正にも根気よく丁寧に、かつ創造的に取り組み編集してくださった金木犀舎の尾崎さん、浦谷さん、中安さん、そしてモーリスビジネス学院の井口さんのおかげがあったことにあらためて気付き、感謝する次第です。

令和6年4月吉日　播州赤穂にて

加藤 明

目　次

# データサイエンスの基本③
## 2つの変数の関係を分析するクロス集計表・散布図・相関係数 ········ 55

## 第2章

# データサイエンスの活用 ········ 73
## 論理的・批判的に考える方法

# 二進法と二進数
## ——コンピュータの数的処理

これは二進法で時刻を表した時計です。
普通の時計と違うところはどこでしょうか。

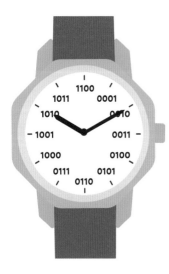

0001 や 1010 のように 1 と 0 ばかりのものと、
1、2、4、8、16 のように数字が倍に増加して
いるものがありますね。

いいところに気がつきましたね！
二進法の特長はその 2 つなんですよ。

| 十進数 | 二進数 |
|---|---|
| → 1 | 1 |
| → 2 | 10 |
| 3 | 11 |
| → 4 | 100 |
| 5 | 101 |
| 6 | 110 |
| 7 | 111 |
| → 8 | 1000 |
| 9 | 1001 |
| 10 | 1010 |
| 11 | 1011 |
| 12 | 1100 |

| 十進数 | 二進数 |
|---|---|
| 13 | 1101 |
| 14 | 1110 |
| 15 | 1111 |
| → 16 | 10000 |
| 17 | 10001 |
| 18 | 10010 |
| 19 | 10011 |
| 20 | 10100 |
| 21 | 10101 |
| 22 | 10110 |
| 23 | 10111 |
| 24 | 11000 |
| ⋮ | ⋮ |
| → 32 | 100000 |

2、4、8、16…と2倍ずつのところで10、100、1000、10000と位が上がっていくから、32で100000になるんですね。

十進数（十進位取り記数法）なら1の位から、10の位、100の位…と上がっていきますが、二進数では下表のようになります。

十進数の位取り

|  | $10^3$（1000の位） | $10^2$（100の位） | $10^1$（10の位） | $10^0$（1の位） |
|---|---|---|---|---|
| 例：3246の場合 | 3（3000） | 2（200） | 4（40） | 6（6） |

二進数の位取り

|  | $2^4$（十進数の16） | $2^3$（十進数の8） | $2^2$（十進数の4） | $2^1$（十進数の2） | $2^0$（十進数の0） |
|---|---|---|---|---|---|
| 例：23の場合（十進数の23） | 1（16） | 0（0） | 1（4） | 1（2） | 1（1） |

この時計は何時何分を表しているでしょうか？

上の列：4と2が点灯

下の列：8と1が点灯

点灯している数を足せば、
何時・何分かがわかりそうですね。

点灯している数を足すと…
上の列は 4 ＋ 2 ＝ 6 で 6 時
下の列は 8 ＋ 1 ＝ 9 で 9 分
だから 6 時 9 分です。

その通りです。これも 1 と 0 だけで表す二進数ですね。
点灯しているのは 1、点灯していないのは 0 とすると、
上の列の 6 時は 0110、
下の列の 9 分は 001001 と表されます。
コンピュータ内部でも情報はこのような二進数で処理
されているんですよ。

PC のスイッチのマークは「1 と 0」
…つまり二進数を表したもの

8、4、2、1の足し算の組み合わせで1から15までの数値を作ることができるので、12時までならこれで表現できますね。
これに16、32を加えた足し算の組み合わせでは63までの数値を作ることができるので、1～60分まで表現できますね。

5つの数だけで何時何分まで表現できるんですね！

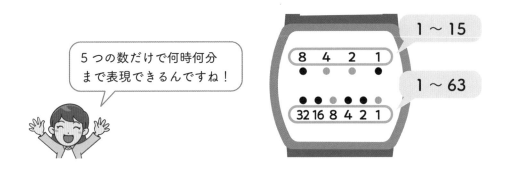

1～15

1～63

| 8 | 4 | 2 | 1 |
| --- | --- | --- | --- |

| 32 | 16 | 8 | 4 | 2 | 1 |
| --- | --- | --- | --- | --- | --- |

## 練習問題①

これは何時何分ですか？

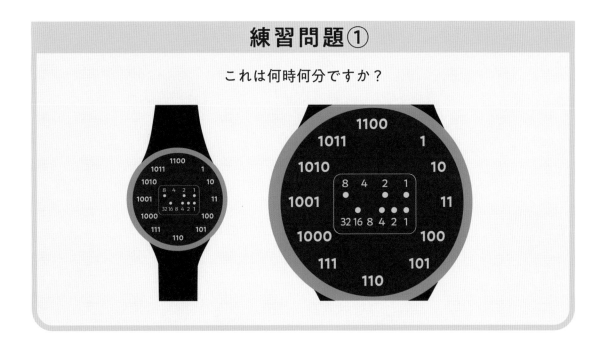

答え

11時23分

指を使って 1 から 31 まで数えてみましょう。

指を使うと、二進法の便利さを実感することができます。
親指から 1、2、4、8、16 と決めて数えるといいですよ。
指を折るのは 1、折らないのは 0 になります。

1 は親指だけ、2 は人差し指だけ、3 は
親指と人差し指を折ればいいんですね。

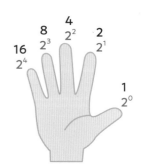

17 　　　　　　25 　　　　　　31

（1001）　　　（11001）　　　（11111）

1 から 31 までやってみると、次の指に繰り上がる
ところと、二進数の表し方がよくわかりますね！

片手の指を全部使うと 31 まで数えられますが、
両手を使ったら、いくつまで数えられるでしょうか？

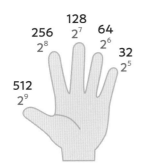
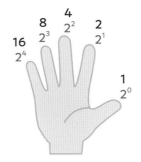

二進数の 1111111111、つまり十進数の 1 から 512 までの足し算の組み合わせで作ることができる最大値は 1023 です。
10 本の指で、こんなにも多くの数値を表すことができるんですね！

二進数の 1 桁を表す 1 ビットという単位を用いると、片手は $2^4$ なので 4 ビット、両手なら $2^9$ なので 9 ビットと表せます。
ビットはコンピュータが扱うデータの最小単位のことでもあり、現代の 64 ビット（$2^{64}$）のコンピュータは、一度に約 1844 京 6744 兆の情報を処理できることを表しています。

アルファベットなら、26 字だから片手で表すことができますし、両手なら大文字・小文字の区別も含めて表すことができますね。

## 例　題

23 を二進法で表してみましょう。

指でやってみると…、10111 ですね。

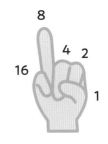

（10111）

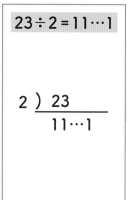

| $23 \div 2 = 11 \cdots 1$ | $11 \div 2 = 5 \cdots 1$ | $5 \div 2 = 2 \cdots 1$ | $2 \div 2 = 1 \cdots 0$ |
|---|---|---|---|

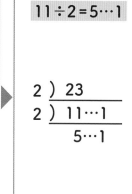

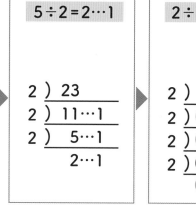

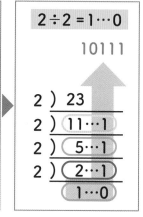

2つずつのまとまりは
11個できて1余る
（10111）

11個できた まとまり
をさらに2つずつま
とめると、
　5個できて1余る
　（10111）

5個できた まとまり
をさらに2つずつま
とめると、
　2個できて1余る
　（10111）

2個できた まとまり
をさらに2つずつま
とめると、
　1個できて余りは0
　（10111）

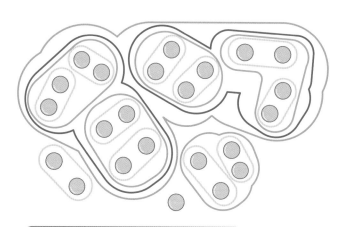

順番に追っていくと面白いですね。

| 十進数 | | 二進数 | | | |
|---|---|---|---|---|---|
| 23 → | 1 | 0 | 1 | 1 | 1 |
| | $2^4$ | $2^3$ | $2^2$ | $2^1$ | $2^0$ |
| | 16 | 8 | 4 | 2 | 1 |

0と1の二進数だと、「電流を流すか・流さないか」、
「電球が点灯するか・しないか」という単純な処理だけで
よいので、短時間で膨大な数を扱うことができるのです。

23 を三進数で表してみましょう。

先ほどは、十進数を 2 で割っていき、二進数…0 と 1 のみで表しました（10111）。
今回は三進数なので 3 で割っていきます。三進数は 0 と 1 と 2 を用い、3 になれば繰り上げます。

212

3 ） 23
3 ）　7…2 　　←３つずつのまとまりは７個できて２余る
　　　2…1 　　←７個できたまとまりをさらに３つずつ
　　　　　　　　　まとめると、２個できて１余る

三進数の 212 が、十進数の 23 になるかどうか を確認するにはどうすればいいのでしょうか？

位取りの考え方を使えばいいですよ。

三進数の位取り

| | $3^2$<br>（十進数の 9） | $3^1$<br>（十進数の 3） | $3^0$<br>（十進数の 1） |
|---|---|---|---|
| 例：212 の場合 | 2<br>(18) | 1<br>(3) | 2<br>(2) |

→十進数なら
18 ＋ 3 ＋ 2 で 23

→３つずつの まとまりを３つ まとめると ２つ　　→３つずつの まとまりが １つ　　→３つずつ まとめたときの 余り２

212 は、$3^2$ が２つ、$3^1$ が１つ、$3^0$ が２つで、
9 × 2 ＋ 3 × 1 ＋ 2 ＝ 23 になるから、
合っていますね！

1 が 10 集まって 10、10 が 10 集まって 100、100 が 10 集まって 1000・・・ と位が上がっていくのが十進数の特長です。
これを、2301 を例に、逆さ割り算で確かめてみましょう。

2301

```
10 ) 2301
10 )  230…1
10 )   23…0
       2…3
```

本当ですね。逆さ割り算って便利ですね！

例　題

1 分間で 2 倍ずつ大きくなる不思議な生物がいます。今は体長 1cm ですが、2m を超えて人間より大きくなるのは何分後でしょうか。

2m を超えるのは 1 週間後ぐらいでしょうか。

1 分ごとに 2 倍ずつだから、2 分で 4 倍、3 分で 8 倍…7 分で 128 倍、8 分で 256 倍。256cm だからもう 2m を超えますね。

## 例　題

　1 日目に 1 粒の実がなり、翌日は 2 粒、翌々日は 4 粒と、前日の 2 倍の実がなる不思議なブドウがあります。実の貯蔵タンクは 2 週間目にいっぱいになりましたが、実の量がタンクの半分になったのは何日目でしょうか。

貯蔵タンクの大きさがわからないと、解けないんじゃないですか。

毎日、倍に増えていくから、13 日目ですよ。
ちなみにタンクがいっぱいになる 2 週間目には、16384 粒まで増えています。

## 例　題

新聞の厚さは、0.1mm です。
1 回折ると厚さは 0.2mm に、2 回折ると 0.4mm になります。
富士山の高さと同じ 3776m になるのは、何回折ったときでしょうか。

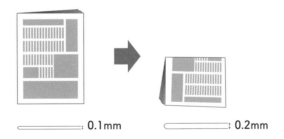

0.1mm　　　　0.2mm

1000 回以上はかかりそうですが…

倍、倍に増えるのは、驚くほど増えるんですよ。
次の表を見てください。

| | | | | |
|---|---|---|---|---|
| $2^0$ | $=$ | 1 | | |
| $2^1$ | $=$ | 2 | | |
| $2^2$ | $=$ | 4 | | |
| $2^3$ | $=$ | 8 | | |
| $2^4$ | $=$ | 16 | | |
| $2^5$ | $=$ | 32 | | |
| $2^6$ | $=$ | 64 | | |
| $2^7$ | $=$ | 128 | | |
| $2^8$ | $=$ | 256 | | |
| $2^9$ | $=$ | 512 | | |
| $2^{10}$ | $=$ | 1,024 | | |
| $2^{11}$ | $=$ | 2,048 | | |
| $2^{12}$ | $=$ | 4,096 | | |
| $2^{13}$ | $=$ | 8,192 | | |
| $2^{14}$ | $=$ | 16,384 | | |
| $2^{15}$ | $=$ | 32,768 | | |

| | | |
|---|---|---|
| $2^{16}$ | $=$ | 65,536 |
| $2^{17}$ | $=$ | 131,072 |
| $2^{18}$ | $=$ | 262,144 |
| $2^{19}$ | $=$ | 524,288 |
| $2^{20}$ | $=$ | 1,048,576 |
| $2^{21}$ | $=$ | 2,097,152 |
| $2^{22}$ | $=$ | 4,194,304 |
| $2^{23}$ | $=$ | 8,388,608 |
| $2^{24}$ | $=$ | 16,777,216 |
| $2^{25}$ | $=$ | 33,554,432 |
| $2^{26}$ | $=$ | 67,108,864 |
| $2^{27}$ | $=$ | 134,217,728 |
| $2^{28}$ | $=$ | 268,435,456 |
| $2^{29}$ | $=$ | 536,870,912 |
| $2^{30}$ | $=$ | 1,073,741,824 |
| $2^{31}$ | $=$ | 2,147,483,648 |

不思議な生物が
2m を超える →

← 新聞を折って
富士山の高さに

不思議なブドウ
がタンク一杯に →

倍、倍…で増えていくと、こんなに
数が大きくなるんですね。

3776m は、3776000mm。
新聞紙の厚さは 0.1mm なので…

25 回から 26 回くらい折ればいいんですね！

実際に折ってみたら、7 回がやっとでしょうか。
というのも、大きな紙を使っても、半分、半分…
と折っていくと、紙がもう折れなくなるくらいに
小さくなってしまうからです。4 回折るだけで、
紙の大きさはもとの$\frac{1}{16}$になってしまうんですよ。

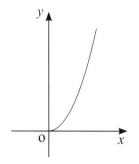

グラフ化すると、
y がぐんぐん伸びて
いきますよ。

$$\frac{1}{2} + \frac{1}{2^2} + \frac{1}{2^3} + \frac{1}{2^4} \cdots = ?$$

全体を1とすると、

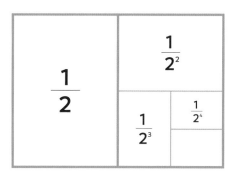

答え　1

A判、B判の紙の大きさと同じ考え方ですよ。

**A 判、B 判の紙の大きさ**

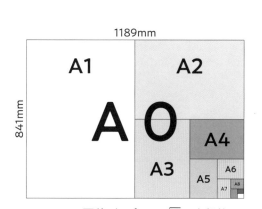

A0 は、面積が1㎡。1:$\sqrt{2}$ で白銀比

B0 は、面積が1.5㎡。1:$\sqrt{2}$ で白銀比

**1.5 倍**

無駄が出ないように考えられているんですね。

# 第1章

## データサイエンスの基本①

### データを代表する数値としての平均値・中央値・最頻値

# Lesson 1　データをどう科学(サイエンス)するか

## データサイエンスの基本

### データをどう<u>科学（サイエンス）するか</u>
### エビデンスに基づき、実証的・論理的・批判的に解析する

ここでいう「データ」は、ビッグデータだけでなく、身のまわりのさまざまなデータも含めます。

情報があふれている中で、何が真実かを見極めるためには、エビデンスに基づき実証的・論理的・批判的な思考力を身につけ解析する力が必要です。

データを効果的に活用して、暮らしに活かすことなんですね！

そのために、次の4つを使いこなし、<u>データリテラシー（データを適切に分析し、どう活かすかを考える力）を身につける</u>ことが本書のねらいです。

**第1章　データサイエンスの基本**

標準偏差や正規分布、偏差値、箱ひげ図、散布図、共分散、相関係数等のデータ科学推論の基本となる見方・考え方

**第2章　データサイエンスの活用**

帰納的・演繹的・仮説的推論等の論理的・批判的思考によってデータを使いこなして問題解決を行うための見方・考え方

## ✏️ ビッグデータ

コンピュータやインターネットの発達で得られるようになった、非常に大量のデータ群のこと。データの容量や種類が膨大で、処理や更新のスピードも速い。
社会や暮らしを便利にするこの莫大なデータは、経済価値も高い。

> ビッグデータは、私たちの暮らしの近くにもあるのですか？

例えば　**回転寿司**

●回転寿司のお皿に IC チップを付けておくと…

- ・どの寿司が
- ・いつ
- ・どの時間帯に
- ・どれくらい食べられたか
- ・その日の天候や寒暖による影響での変化

　　　　　　　といったデータが収集できます。

さらに、

●支払いがカードなどの電子決済だと…

- ・顧客の性別
- ・顧客の年齢

　　　　　など、顧客の情報とも関連づけられます。

他の店舗などのデータと組み合わせると、需要が予測できるので、顧客の実態に応じた仕入れの見通しが立ちます。
その結果、無駄がなくなり、食品ロス削減にもつながっていると言われています。

このように身近なさまざまなところで、ビックデータが活用されています。

# データを読む　その1

## 例題

**BUS or CAR?**

社会人になったAさんは、通勤に使う交通手段を決めるために、自家用車とバスの所要時間をそれぞれ6日間調べてみました。

（単位：分）

| | | | | | | |
|---|---|---|---|---|---|---|
| 自家用車 | 21 | 28 | 23 | 25 | 29 | 24 |
| バス | 17 | 33 | 20 | 29 | 28 | 23 |

このデータをどのように活用すればいいでしょうか？

自家用車とバス、どちらを使っても同じでしょうか？

こうしたデータを見ると、私たちはまず平均値を計算します。

自家用車　（21 ＋ 28 ＋ 23 ＋ 25 ＋ 29 ＋ 24）÷ 6 ＝ 25（分）
バス　　　（17 ＋ 33 ＋ 20 ＋ 29 ＋ 28 ＋ 23）÷ 6 ＝ 25（分）　平均は同じ

これではどちらがよいか判断できないので、もう1歩先に踏み込んでみましょう。

### やってみよう

**数直線を用いてデータを整理すると？ 各所要時間に〇印をつけよう**

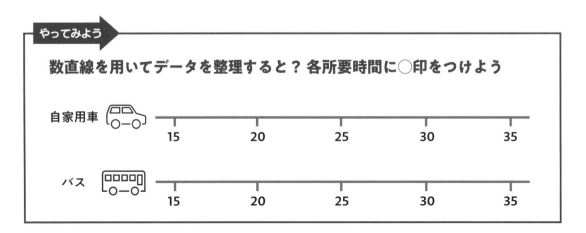

自家用車

| 15 | 20 | 25 | 30 | 35 |

バス

| 15 | 20 | 25 | 30 | 35 |

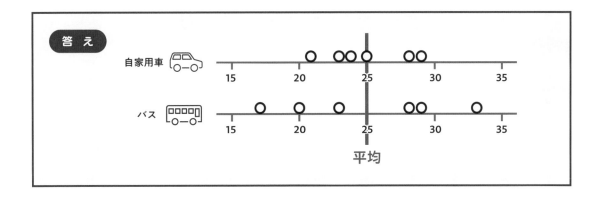

自家用車とバスでは、平均所要時間は同じでも、データのちらばり具合が
ずいぶん違うことがよくわかります。

Aさんと B さんはこう考えました。

私は、始業時間前に着いておきたい
から、自家用車で 30 分前に
出ます。

僕だったら時々寝坊するから、
寝坊しても大丈夫なように、
バスで行くよ。うまく
いけば 17 分で行けるから。

**ではあなたなら、何を使って、何分前に家を出ますか。**

データサイエンスというのは、このようにデータを収集し、分析して、活
用する＝科学すること。
ビッグデータだけでなく、さまざまなデータを論理的・批判的な思考のも
と、科学的、合理的に判断して行動することなのです。

# データを読む　その２

## 例　題

A・B 各 5 人グループが、ダイエットサプリを用いてダイエットを開始し、両グループともに、平均 5kg の体重減に成功しました。
このダイエットサプリは効果がありますか？　ありませんか？

| A グループ |
|---|
| A さん　-4kg |
| B さん　-3kg |
| C さん　-6kg |
| D さん　-5kg |
| E さん　-7kg |

A グループの 5 人の結果は
**平均 -5kg** となりました。

これなら効果ありそうですね！

B グループの 5 人の結果もみてみましょう。

B グループも **平均は -5kg** となりました。

B グループには、体重が減った人もいますが、増えた人もいます。

| B グループ |
|---|
| F さん　-2kg |
| G さん　-9kg |
| H さん　+8kg |
| I さん　-7kg |
| J さん　-15kg |

こちらも平均 -5kg ですね。

**平均というのは、でこぼこを平らになら
すこと**なので、このようになるのです。

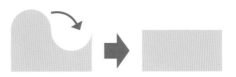

---

やってみよう

## A・B 各グループの 5 人のデータを、数直線上に図示しよう

仮に、各グループそれぞれの体重の平均が 60kg だったとすると…

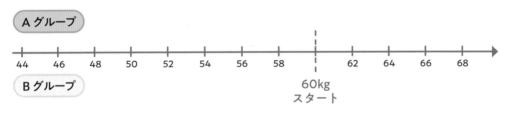

A グループ

| 44 | 46 | 48 | 50 | 52 | 54 | 56 | 58 | | 62 | 64 | 66 | 68 |

B グループ

60kg
スタート

---

答 え

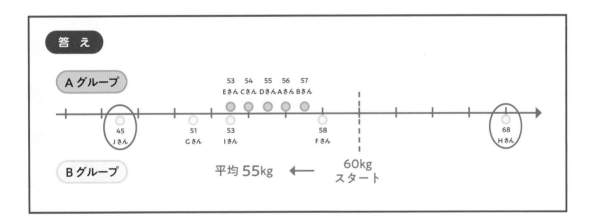

A グループ

53 54 55 56 57
Eさん Cさん Dさん Aさん Bさん

45
Jさん

51
Gさん

53
Iさん

58
Fさん

68
Hさん

B グループ

平均 55kg ←

60kg
スタート

---

A グループに比べて B グループは、
データがちらばっていますね。

B グループは、体重が増えた人がいるけど
大幅に減った人もいるから 平均 -5kg の
結果になったのですね。

# 平均値を扱う際の注意点

平均寿命・平均年収・平均身長・テストの平均点…など、「平均」はいろいろなところで使われています。

ただし、平均値を扱うときには**気を付けないといけないこと**が2つあります。

### ①サンプルとして十分な個数が必要です。
個数が少ないと平均はゆがんでしまいます。

### ②数値が偏っていないか吟味しましょう。
極端な値があると、それ以外のデータの実情が平均値とかけ離れてしまいます。

先ほどのダイエットサプリの例でいうと…

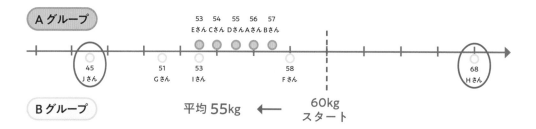

Bグループは、Jさんの大幅な体重減少により偏りが生まれましたが、逆に大きく増加したHさんのおかげで偏りのバランスがとれて、その結果平均はAグループと同じ55kgになりました。

このように、平均値だけではデータの実態を判断することはできないということを覚えておかなければなりません。

# データを代表する値

データを分析するとき
一番大切なことは何でしょうか？

データ全体の特徴や傾向を表している
代表値を読み取ることが大切です。

代表値として一般的によく使うのは**平均値**ですが、これだけではありません。
**中央値**と**最頻値**を含めて、この 3 つの値を代表値とします。

## 代表値 (average)

平均値 (mean)・中央値 (median)・最頻値 (mode)

### 例　題

あるお店の 10 日間の日替わりランチが売れた数を調べてみました。3 つの
代表値について考えてみましょう。

| 何日目 | 1日目 | 2日目 | 3日目 | 4日目 | 5日目 | 6日目 | 7日目 | 8日目 | 9日目 | 10日目 |
|---|---|---|---|---|---|---|---|---|---|---|
| 売れた個数 | 7 | 12 | 14 | 12 | 15 | 28 | 8 | 11 | 25 | 16 |

平均値を求めてみると

$(7 + 12 + 14 + 12 + 15 + 28 + 8 + 11 + 25 + 16) \div 10 = 14.8$

毎日、15 食も売れてるのでしょうか？

疑問に思いますね。
そこで、中央値を考えてみましょう。

中央値は言葉の通り中央に位置する値のことで、10日間の数値を順番に並べたなかで真ん中の数値となります。

奇数であれば真ん中のデータがありますが、今回は10日間なので偶数のため、間の平均をとって13になります。

7，8，11，12，12，◯　14，15，16，25，28
中央値は **13**

### ✎ 中央値

真ん中に位置する値
※データが偶数の場合は、中央の2つの平均をとる

もう1つの代表値である最頻値は、最も多く出現している値のことで、今回は2回出てきた12が最頻値ということになります。

7，8，11，⟨12，12⟩　14，15，16，25，28
最頻値は **12**

### ✎ 最頻値

最も多く現れる値

中央値や最頻値は、極端に大きなデータがあっても影響を受けにくいのですね。

例題では平均値、中央値、最頻値の
3つの数値はバラバラになりましたが、
数値が重なることもあります。

3つの代表値がほぼ一致して、左右対称でつりがね型のデータになるものを
正規分布といいます。

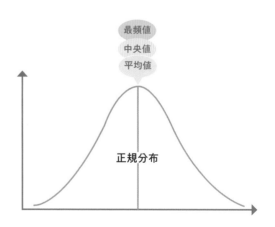

最頻値
中央値
平均値

正規分布

# 平均値・中央値・最頻値から読み取ろう

これは、日本の所得金額階級別の割合のグラフです。
このグラフデータから、どんなことが読み取れるでしょうか。

**日本の所得金額階級別の割合**

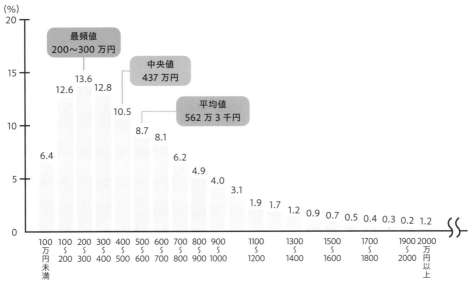

※出典：厚生労働省「2019年 国民生活基礎調査の概況」

平均値は、約562万円と高くなっています。
少数の、1000万円以上の高額所得者に引っ張られていること
がわかりますね。

中央値の437万円は、データの真ん中の値ですね。
だいたいこのあたりの値がいわゆる「普通の人」の収入ぐらい
でしょうか。

最頻値は、200万円から300万円。
みんな大変なんですね。

つまり、3つの代表値それぞれからアプローチしないと、
データ全体の実態がつかめないのですね。

# 練習問題

店舗の今期の売上が、このようになりました。
各店舗を売上順に並べかえて、平均値・中央値・最頻値を求めましょう。

## 店舗今期売上

| A店 1100万円 | B店 800万円 | C店 400万円 | D店 2000万円 | E店 800万円 |
|---|---|---|---|---|
| F店 800万円 | G店 1200万円 | H店 900万円 | I店 1000万円 | |

**答え**

### 店舗今期売上

最頻値 800万円

| C店 400万円 | F店 800万円 | H店 900万円 | I店 1000万円 | A店 1100万円 | G店 1200万円 | D店 2000万円 |
|---|---|---|---|---|---|---|

B店 800万円 / E店 800万円

中央値 900万円　平均値 1000万円

ヒストグラム（度数分布表をグラフ化したもの）で表すとこのようになります。

店舗今期売上のヒストグラム

最頻値 800万円
中央値 900万円
平均値 1000万円

ヒストグラムで見ると、3つの代表値それぞれの特性がよりわかりやすいですね！

3つの代表値である、平均値・中央値・最頻値それぞれの分析を通して、データ全体の大まかな実態がつかめるのです。

# 正規分布

正規分布のイメージは、パチンコ玉落としでつかめます。

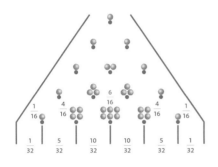

左か右かに分かれた玉が、次も左右に分かれ、その次もまた左右に分かれていきます。

## パスカルの三角形

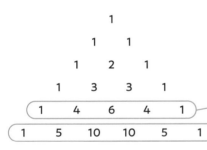

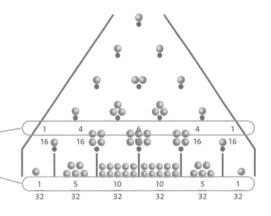

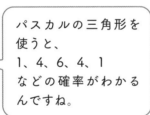

パスカルの三角形を使うと、
1、4、6、4、1
などの確率がわかるんですね。

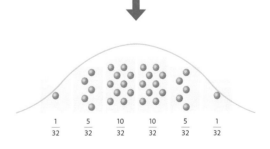

玉を落とす回数が増えていくと、ヒストグラムがなだらかな山になっていくのですね。

パチンコ玉が左右のどちらかに分かれて落ちていくことや、コインを投げたときの表裏など、結果が2通りで確率が$\frac{1}{2}$の場合は、試行回数が多くなるにしたがって正規分布に近似します。
このように「起こるか、起こらないか」の確率分布は、パスカルの三角形で表すことができます。

## ✏ 正規分布

平均値・中央値・最頻値の3つの代表値が一致し、
左右対称でつりがね型になっている分布のこと

多くの現象が、正規分布のような分布を表します。
例えば、努力という観点でいうと、
「人並みに努力をする人」がいちばん多く、それに比べると「とても努力をする人」は少なく、「努力をしない人」も少ないです。

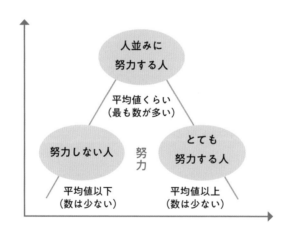

身長や体重も同じように、背が高い人・低い人・普通の人、体重が重い人・軽い人・普通の人と、左右対象のつりがね型の正規分布になります。
このように正規分布とは正しい分布という意味ではなく、よく起こる、ありふれた確率分布という意味です。

ヒストグラムで表すと、このように山のような形になり、**正規分布**に近似します。

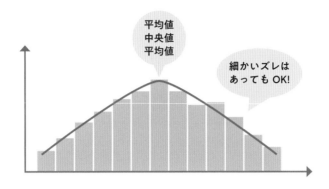

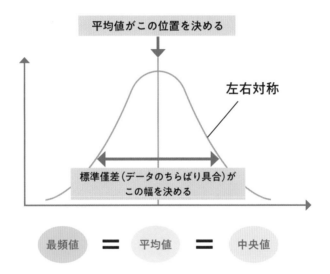

山の頂点は平均値を示します。

山の幅はデータのちらばり具合を示し、これを標準偏差といいます。（詳細は 38 ページで説明）

つまり正規分布は、平均値とデータのちらばり具合によって形が決まってくるのです。

この正規分布と標準偏差の考え方は色々なところで役立てることができます。詳しくはこれから学んでいくので、楽しみにしていてください。

# 第1章

## データサイエンスの基本②

### データのちらばり具合をどう捉えるか

# データのちらばり具合を数値化する

データのちらばり具合を捉えるためには、数値化が必要です。まずは20ページの「データを読む その1」で学習した例題を使って、データを可視化していきましょう。

## 例 題

BUS or CAR?

社会人になったAさんは、通勤に使う交通手段を決めるために、自家用車とバスの所要時間をそれぞれ6日間調べてみました。

（単位：分）

| 自家用車 | 21 | 28 | 23 | 25 | 29 | 24 |
|---|---|---|---|---|---|---|
| バス | 17 | 33 | 20 | 29 | 28 | 23 |

車もバスも、どちらも平均は25分でした。

そうでしたね。そして、数直線を用いて整理するとデータのちらばり具合が違うことがわかりました。

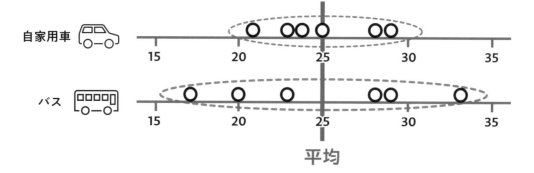

平均

数直線を用いて整理すると、平均は同じでもちらばり具合が違うことがわかる

図やグラフを用いて整理すると、データが可視化されて、データのちらばり具合がよくわかりました！

次は、このデータのちらばり具合を数値化できないか、考えてみましょう。

ちらばり具合を数値化…？　うーん、個々のデータと平均との差を求めて、その合計をデータの数で割ってみたらどうでしょうか？

なるほど。個々のデータと平均の差は偏差といいます。やってみましょうか。

 偏差

個々のデータ値と平均との差のこと

やってみよう

### ①平均値である25分との差（偏差）を求めよう

(単位：分)

| | | | | | | |
|---|---|---|---|---|---|---|
| 自家用車 | 21 (-4) | 28 (+3) | 23 (-2) | 25 (0) | 29 (+4) | 24 (-1) |
| バス | 17 (-8) | 33 (+8) | 20 (-5) | 29 (+4) | 28 (+3) | 23 (-2) |

### ②偏差の合計を求めよう

自家用車 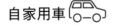 　(-4)+(+3)+(-2)+　0　+(+4)+(-1)= 0

バス 　 　(-8)+(+8)+(-5)+(+4)+(+3)+(-2)= 0

あれっ!?　データの数で割る前に、両方「0」になってしまいました。

平均とは、「でこぼこを平らに均すこと」だから、偏差の合計は 0 になります。すべての数値が正の数になるように、偏差を 2 乗してみましょう。

**やってみよう**

### ①偏差を 2 乗しよう

（単位：分）

| | | | | | | |
|---|---|---|---|---|---|---|
| 自家用車 | 21 (-4) | 28 (+3) | 23 (-2) | 25 (0) | 29 (+4) | 24 (-1) |
| バス | 17 (-8) | 33 (+8) | 20 (-5) | 29 (+4) | 28 (+3) | 23 (-2) |

偏差（赤字部分）を 2 乗

| | | | | | | |
|---|---|---|---|---|---|---|
| 自家用車 | 16 | 9 | 4 | 0 | 16 | 1 |
| バス | 64 | 64 | 25 | 16 | 9 | 4 |

### ②偏差の 2 乗を合計しよう

自家用車　16+9+4+0+16+1= 46

バス　64+64+25+16+9+4= 182

### ③合計をデータの数（6）で割ろう

この数値を分散といいます！

自家用車　46 ÷ 6 = 7.7

バス　182 ÷ 6 = 30.3

✏ **分散**

$$分散 = \underset{偏差}{\underline{（各データの数値－平均値）}} の 2 乗の総和 ÷ （データ数）$$

データのちらばり具合は数値化できましたが、2乗したからちらばりの差が大きくなったみたいです。

ちらばり具合は大きく表されますが、2つのデータの相対的な関係を見るためだから、いいんですよ。

そうなんですね。でもやっぱり、ちらばり具合の差が大きいとイメージが掴みにくいですね……。

だったら分散の平方根を求めるとわかりやすくなりますよ！

2乗したのを、元に戻すのですか？

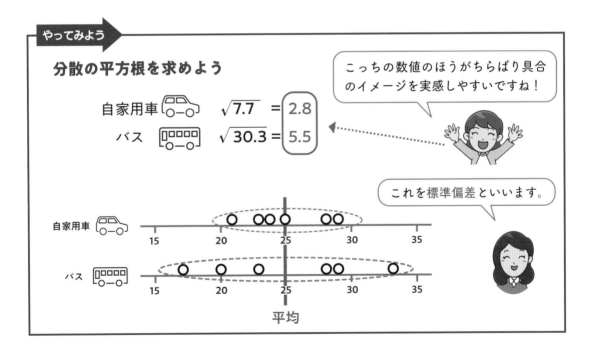

# 正規分布と標準偏差

標準偏差は、どんなところで役に立ちますか？

例えば、こんなときに活用できます。

## 例 題

バレーボール部を強化するために、身長が 190cm 以上の選手を集めたいと考えています。スカウトの見通しはどうでしょうか？

日本人の成人男子の平均身長は、約 170cm です。
統計学において、この平均値を中心に正規分布していると仮定します。

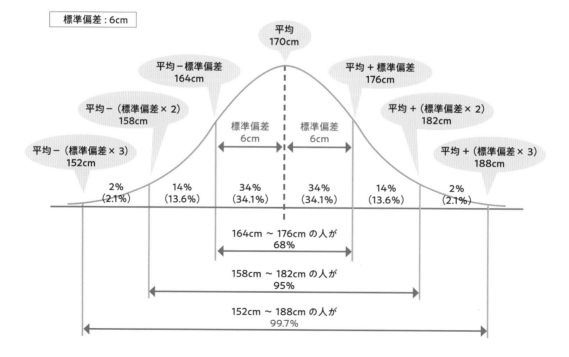

正規分布にはこのような性質があります。

**性質①** 平均値から標準偏差の範囲内には、データの約 68% が含まれる。

**性質②** 標準偏差の 2 倍の範囲内には、データの約 95% が含まれる。

**性質③** 標準偏差の 3 倍の範囲内には、データの約 99.7% が含まれる。

**性質④** 標準偏差の 3 倍より外の範囲のデータは、外れ値になる。

平均値 170cm を中心に、標準偏差が 6cm とすると、

・標準偏差の範囲内、

つまり 164cm から 176cm の間に全体の 68%の人がいる。

・標準偏差の 2 倍（6 × 2 = 12）の範囲内、

つまり 158cm から 182cm の間に全体の 95%の人がいる。

・標準偏差の 3 倍（6 × 3 = 18）の範囲内、

つまり 152cm から 188cm の間に全体の 99.7%の人がいる。

ということは、190cm 以上というのはごく少数の外れ値を探すことなのですね。

190cm 以上の人は 1000 人探してやっと 1 人いるくらいです。
なかなか見つからないでしょうね。

他にも、標準偏差と正規分布を用いると、部品工場などで不良品発生の予測を立てることもできます。

部品は大きすぎても小さすぎてもよくありません。その許容範囲を設定することで、どのぐらいの不良品が生じるかの見通しを立てることができ、リスク管理に役立てられるのです。

# 練習問題

2つのクラスのテストの点数です。データのちらばり具合は、どちらが大きいですか?

1組と2組のそれぞれの偏差・分散・標準偏差を求めて確かめてみましょう。

| 1組 | 2組 |
|---|---|
| A：40点 | E：30点 |
| B：50点 | F：45点 |
| C：50点 | G：55点 |
| D：60点 | H：70点 |

1組が40点から60点、2組は30点から70点で、一見2組の方がちらばりが大きいように思いますが…?

まずは平均を求めます。

1組 （40 + 50 + 50 + 60）÷ 4 = 50

2組 （30 + 45 + 55 + 70）÷ 4 = 50

平均はどちらも同じ、50点になりますね。

次に、偏差を求めます。平均点50点との差をそれぞれ求めます。

**偏差**（得点と平均の差）

1組　A：-10　　B：0　　　C：0　　　D：+10

2組　A：-20　　B：-5　　　C：+5　　　D：+20

Lesson1のときと同様、偏差の合計は0になってしまいますね。

0 になってしまうと、データのちらばり具合を比較できませんね。
偏差を 2 乗して、分散を求めることで、正の数でデータのちらばり具合を把握しましょう。

**分散**（偏差の 2 乗の平均）

1 組　$(100 + 0 + 0 + 100) \div 4 = 50$

2 組　$(400 + 25 + 25 + 400) \div 4 = 212.5$

データのちらばり具合をより直感的に理解しやすいように、標準偏差を求めます。

**標準偏差**（分散の平方根）

1 組　$\sqrt{50} = 7.1$

2 組　$\sqrt{212.5} = 14.6$

じゃあ、正規分布図は、このようになりますね。

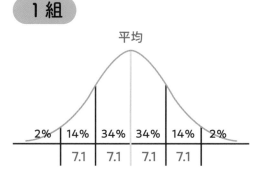

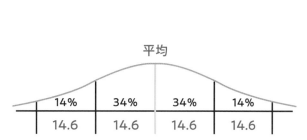

1 組は急な曲線を描いているのに対して、2 組はなだらかな曲線になりました。
2 組の方がデータのちらばり具合が大きいことが、視覚的にもよくわかります。

# 偏差値

次は、偏差値について学習していきましょう。

偏差値ってよく聞きますが、どういう値ですか？

偏差値は、平均が異なるテストの点数を
同じ物差しで比較するために考案されたものです。
標準偏差がベースになっていて、平均値を 50 として、
平均値から標準偏差 1 個分のズレに対して 10 の値を
与えるという形で成り立っています。

標準偏差と関係があるんですね！

例えば、異なる集団に属していても、自分が全体の中で
どの位置にいるかが把握しやすくなります。
偏差値は正しく使えばとても便利な数値なのです。

## 例 題

異なるテストを受けた A さんと B さんの成績を比較します。

**A さん**
100 点満点のテストで 80 点
平均点　50 点
標準偏差　20 点　→　**平均より 30 点高い**
1.5 倍

**B さん**
200 点満点のテストで 164 点
平均点　170 点
標準偏差　6 点　→　**平均より 6 点低い**
－ 1 倍

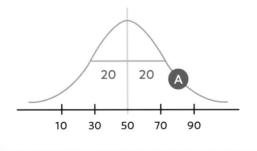

| 20 | 20 | A |
| 10 | 30 | 50 | 70 | 90 |

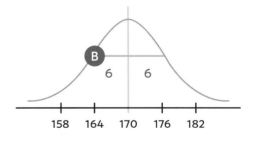

| B | | 6 | 6 |
| 158 | 164 | 170 | 176 | 182 |

AさんとBさんは所属する集団が違い、テストの満点やデータのちらばり具合の大きさが異なるので、そのまま比べるわけにはいきません。

この異なるデータを一緒に比べられるよう、基準を揃え、その上での位置を示す指標が偏差値なのです。

今回は、平均50、標準偏差10を基準として、2人の偏差値を求めていきます。

**🖊 偏差値**

$$偏差値 = 50 + \frac{偏差}{標準偏差} \times 10$$

この式をくわしくみてみると…

**Aさん** **の場合**

**①偏差（得点と平均点の差）を求める**

80 − 50 = 30

→ Aさんの80点は、Aさんのグループの平均点50より30点高い

**②偏差を標準偏差で割る**

30 ÷ 20 = 1.5

→ 30点はAさんのグループの標準偏差20の1.5倍

（＝平均点から標準偏差1.5個分右にずれたところに位置するということ）

**③基準になる標準偏差10をかける（偏差値の基準を設定する）**

1.5 × 10 = 15

**④基準の平均50と加減し、偏差値を求める**

50 + 15 = 65

公式に当てはめると、

**偏差値** ＝ 50 ＋ （30 ÷ 20）× 10 ＝ 65

**Aさんの偏差値は65になります。**

 **の場合**

**Bさん**

## ①偏差（得点と平均点の差）を求める

164 − 170 = -6

→ B さんの 164 点は、B さんのグループの平均 170 より 6 点低い

## ②偏差を標準偏差で割る

-6 ÷ 6 = -1

→ 164 点は B さんのグループの標準偏差 6 の -1 倍

（＝平均から標準偏差 1 個分左にずれたところに位置するということ）

## ③基準になる標準偏差 10 をかける（偏差値の基準を設定する）

-1 × 10 = -10

## ④基準の平均 50 と加減し、偏差値を求める

50 − 10 = 40

（B さんは平均を下回っているので、50 から 10 を引く）

公式に当てはめると、

**偏差値** = 50 ＋ （-6 ÷ 6）× 10 = 40

B さんの**偏差値**は **40** になります。

これで、A さんと B さんを同じ物差しで比較することができました！

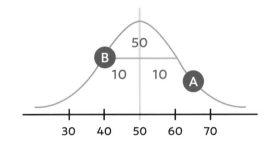

偏差値は、平均値と標準偏差がわかれば、このように異なる集団間でもデータの位置を相対的に比較できる、便利な指標なのです。

偏差値は次のようにみることもできます。

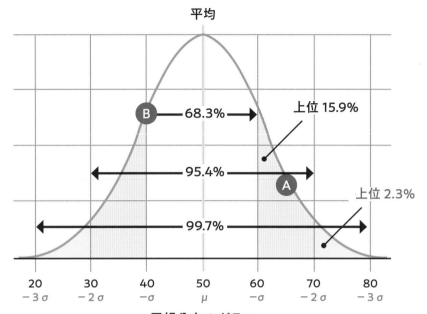

正規分布のグラフ
（平均：$\mu = 50$、標準偏差：$\sigma$（シグマ） = 10）

ここでも 39 ページと同じように、正規分布の性質を適用できます。

性質① 平均値から標準偏差の範囲内には、データの約 68% が含まれる。
性質② 標準偏差の 2 倍の範囲内には、データの約 95% が含まれる。
性質③ 標準偏差の 3 倍の範囲内には、データの約 99.7% が含まれる。
性質④ 標準偏差の 3 倍より外の範囲のデータは、外れ値になる。

これを数値で示すと、右の図のようになります。

偏差値 70 は上位 2.3% で、
　　　　1000 人中では 22.8 位
偏差値 60 は上位 15.9% で、
　　　　1000 人中では 158.7 位
偏差値 50 はちょうど真ん中で、
　　　　1000 人中の 500 位
ということになります。

| 偏差値 | 上位何% | 1000人中の順位 |
|---|---|---|
| 80 | 0.1 | 1.3 位 |
| 75 | 0.6 | 6.2 位 |
| 70 | 2.3 | 22.8 位 |
| 65 | 6.7 | 66.8 位 |
| 60 | 15.9 | 158.7 位 |
| 55 | 30.9 | 308.5 位 |
| 50 | 50 | 500 位 |
| 45 | 69.1 | 691.5 位 |
| 40 | 84.1 | 841.3 位 |
| 35 | 93.3 | 933.2 位 |
| 30 | 97.7 | 977.2 位 |

# 練習問題①

150 点満点のテストで、平均点が 100 点、標準偏差 20 だった場合、
130 点の A さんと、60 点の B さんの偏差値を求めてみましょう。

A さん：130 点

**150 点満点のテスト**
平均点：100 点　　標準偏差：20

B さん：60 点

### A さん（130 点）

130 点は平均より 30 点高く、30 は標準偏差 20 の 1.5 倍だから、

$$50 + 1.5 \times 10 = 65$$

### B さん（60 点）

60 点は平均より 40 点低く、40 は標準偏差 20 の 2 倍だから、

$$50 - 2 \times 10 = 30$$

答 え

A さん：65　B さん：30

# 練習問題②

次の 5 人について、それぞれ平均・偏差・分散・標準偏差・偏差値を求めてみましょう。

| | | 平均 | 偏差 | 分散 | 標準偏差 | 偏差値 |
|---|---|---|---|---|---|---|
| A さん | 80 点 | | | | | |
| B さん | 70 点 | | | | | |
| C さん | 60 点 | | | | | |
| D さん | 50 点 | | | | | |
| E さん | 40 点 | | | | | |

**平均**

80 + 70 + 60 + 50 + 40 = 300

300 ÷ 5 = 60 点

**偏差**（得点と平均の差）

A さん：80 − 60 = 20

B さん：70 − 60 = 10

C さん：60 − 60 = 0

D さん：50 − 60 = -10

E さん：40 − 60 = -20

**分散**（偏差の 2 乗の平均）

(400 + 100 + 0 + 100 + 400) ÷ 5 = 200

**標準偏差**（分散の平方根）

$\sqrt{200}$ = 14.14

**偏差値**（ $= 50 + \dfrac{偏差}{標準偏差} \times 10$ ）

A さん：$50 + \dfrac{20}{14.14} \times 10 = 64.1$

B さん：$50 + \dfrac{10}{14.14} \times 10 = 57.1$

C さん：$50 + \dfrac{0}{14.14} \times 10 = 50$

D さん：$50 - \dfrac{10}{14.14} \times 10 = 42.9$

E さん：$50 - \dfrac{20}{14.14} \times 10 = 35.9$

**答え**

| | | 平均 | 偏差 | 分散 | 標準偏差 | 偏差値 |
|---|---|---|---|---|---|---|
| A さん | 80 点 | | 20 | | | 64.1 |
| B さん | 70 点 | | 10 | | | 57.1 |
| C さん | 60 点 | 60 | 0 | 200 | 14.14 | 50 |
| D さん | 50 点 | | -10 | | | 42.9 |
| E さん | 40 点 | | -20 | | | 35.9 |

# 練習問題③

40ページの練習問題と同じテストを受けて70点をとった新入生が入ってきます。この新入生が1組に入った場合、また2組に入った場合の、各クラスの中での偏差値を求めてみましょう。

## 1組

A：40点
B：50点
C：50点
D：60点

## 2組

E：30点
F：45点
G：55点
H：70点

## 1組に入った場合

| **偏差**（得点と平均の差） | **偏差÷標準偏差** | **偏差値** |
|---|---|---|
| 70 − 50 = 20 | 20 ÷ 7.1 = 2.8 | 50 + 2.8 × 10 = 78 |

## 2組に入った場合

| **偏差**（得点と平均の差） | **偏差÷標準偏差** | **偏差値** |
|---|---|---|
| 70 − 50 = 20 | 20 ÷ 14.6 = 1.4 | 50 + 1.4 × 10 = 64 |

どちらの組でも優秀な位置にいますが、
1組ならダントツですね！

**答え**

1組に入った場合：78　　2組に入った場合：64

例　題

次の表の、店舗 A ～ J の酒類売上の営業成績を
分析しましょう。

**店舗の酒類売上**

| 店舗名 | 売上<br>（万円） |
|---|---|
| A | 30 |
| B | 8 |
| C | 7 |
| D | 6 |
| E | 6 |
| F | 5 |
| G | 4 |
| H | 3 |
| I | 2 |
| J | 2 |

分析って、何から始めればいいですか？

まずは平均からみてみましょうか。

| 店舗名 | 売上<br>（万円） |
|---|---|
| A | 30 |
| B | 8 |
| C | 7 |
| D | 6 |
| E | 6 |
| F | 5 |
| G | 4 |
| H | 3 |
| I | 2 |
| J | 2 |

← 外れ値

**よく売れる 1 店舗を
含めた売上平均**
73,000 円

**よく売れる 1 店舗を
除いた売上平均**
48,000 円

店舗 A ～ J の売上の平均は 73,000 円で、よく売れて
いる店舗 A を外れ値として除外した平均は 48,000 円。
ずいぶん違った値になりますね。

極端な値（外れ値）を除かずに、算出した平均だけで
全体の傾向を判断すると誤ることになるので、注意が
必要です。

**度数分布表**

| 階級 | 度数 |
|---|---|
| 0 以上～2 未満 | 0 |
| 2 ～ 4 | 3 |
| 4 ～ 6 | 2 |
| 6 ～ 8 | 3 |
| 8 ～ 10 | 1 |
| 10 ～ 12 | |
| 12 ～ 14 | |
| 14 ～ 16 | |
| 16 ～ 18 | |
| 18 ～ 20 | |
| 20 ～ 22 | |
| 22 ～ 24 | |
| 24 ～ 26 | |
| 26 ～ 28 | |
| 28 ～ 30 | 1 |

外れ値

次は、度数分布表にしてみましょう。

🖍 **度数分布表**

一定の区間にあるデータの個数を集計したもの
階級：区間　　度数：データの個数

この度数分布をヒストグラム（度数分布表をグラフ化したもの）で表すと、データのちらばり具合が一目瞭然になります。

**ヒストグラム**

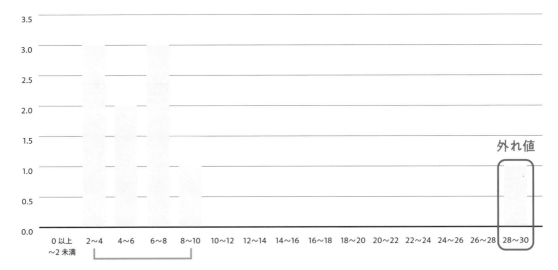

外れ値

全体の傾向を把握できる度数分布表やヒストグラムを使うと、営業成績が可視化されてわかりやすくなりますね！

## Lesson 5 箱ひげ図

### 例 題

次の表の、店舗 A ～ J の酒類売上の箱ひげ図を書いてみましょう。

店舗の酒類売上

| 店舗名 | 売上<br>（万円） |
|---|---|
| A | 30 |
| B | 8 |
| C | 7 |
| D | 6 |
| E | 6 |
| F | 5 |
| G | 4 |
| H | 3 |
| I | 2 |
| J | 2 |

①データを昇順に並べ、外れ値を除いて、最大値・最小値・中央値をマークします。

```
  最小値                中央値            最大値
   ②   2   3   4   ⑤   6   6   7   ⑧  ⦸30
                                         外れ値
```

②中央値 **5** で 2 つに分け、中央値を四分位数（第 2 四分位数）とします。
中央値 **5** で分けたそのデータのなかの中央値 **2.5・6.5** を求め、それぞれ四分位数（第 1 四分位数・第 3 四分位数）とします。

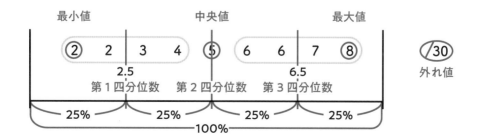

③①②の数値をもとに箱を書きます。

**箱の大きさは第1四分位数から第3四分位数**の 6.5 から 2.5 の 4 で、この四分位数の範囲がデータのちらばり具合を表します。

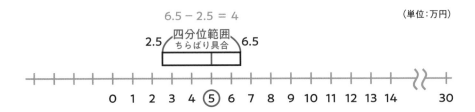

④ひげは、箱から最大値の 8 までと、最小値の 2 まで伸ばします。

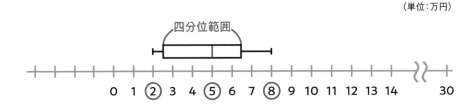

⑤**外れ値は、四分位数範囲× 1.5 のより外の範囲のデータのこと**を指します。

四分位数の範囲が 6.5 から 2.5 で 4 なので、4 × 1.5 ＝ 6

第1四分位数から -6、第3四分位数から +6 の数値より外の範囲のデータが外れ値になり、今回は 30 が外れ値に該当します。外れ値には個別に◯印を記します。

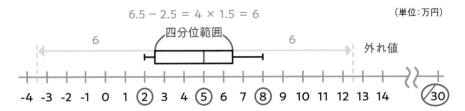

外れ値は全体の傾向を判断する際には除外しますが、「なぜここまで極端な売上を得られたのか」「30 万円も売るためにどのような工夫をしたのだろうか」など、その背景を探るのも大事なことです。忘れないようにしましょう。

外れ値は、大チャンスのヒントが隠れている、ボナンザ（＝スペイン語で大当たりの意）かもしれないですね！

箱ひげ図の活用例を見てみましょう。
これは、A市の間取りごとの家賃分布を表している図です。

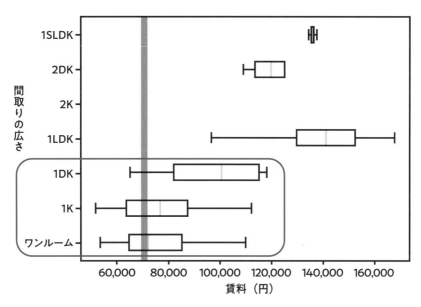

A市の間取りごとの家賃分布

縦軸は、間取りの広さを示し、ワンルームから、1K、1DK、1LDKと広くなり、
横軸は、家賃を示し、右へ行くほど高くなっていきます。
どのくらいの金額で、どのくらいの間取りになっているかが一目瞭然でわ
かる図になっています。

ひとり暮らしを始めるのに、予算は7万円だとしたら…
どのくらいの間取りになるでしょうか?

1Kか、ワンルームなら物件は多そうですね!
1DKも少しはあるみたいですよ。

箱ひげ図を用いると、データのちらばり具合が可視化されて比較
しやすいですね!
でもデータ同士の関連はありません。
次からは、このデータ同士の関連の分析の仕方を学んでいきます。

# 第1章

## データサイエンスの基本③

### 2つの変数の関係を分析する
### クロス集計表・散布図・相関係数

# クロス集計表から分析する

**例　題**

売店のパンとコーヒーの販売促進を図るため、それら2つの売れ行きの関係を調べ、下の表に整理しました。まずは男子の売上についてまとめました。

| 男子  | | コーヒー 購入する | 購入しない | 合計 |
|---|---|---|---|---|
| パン | 購入する | 50 | 120 | |
| | 購入しない | 10 | 40 | |
| 合計 | | | | |

表の空欄（黄色部分）を埋めて、表を完成させましょう。

> このような表をクロス集計表といいます。

結果はこのようになります。

| 男子  | | コーヒー 購入する | 購入しない | 合計 |
|---|---|---|---|---|
| パン | 購入する | 50 | 120 | 170 |
| | 購入しない | 10 | 40 | 50 |
| 合計 | | 60 | 160 | 220 |

> この結果を見て、何に気が付きますか？
> 販売促進のために、何をすればよいでしょうか？

まず、パンとコーヒーを両方買う人は何人ですか？
どちらとも買わない人は何人ですか？

両方買う人は、50人。
どちらも買わない人は、40人です。

では、この中で一番大きな120という数は
何の数ですか？

120人は、パンだけを買ってコーヒーを
買わない人の数です。

この数は、パンを買う人全体の何％ですか？

パンを買う人全体が170人だから、
120 ÷ 170で71％にもなります！

そう、販売促進のためには、この最大を占める
部分に働きかけることが大切なのです！

これを**ベン図**に表すと、このようになります。

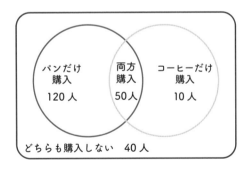

このなかでいちばん人数の多い、パンだけを購入する120人に、パン
だけではなく、コーヒーも一緒に買ってもらうための工夫が必要なの
です。

つぎは、女子の売上の**クロス集計表**です。

先ほどと同じように、表の空欄を埋めて、表を完成させましょう。

| 女子 | | コーヒー | | 合計 |
|---|---|---|---|---|
| | | 購入する | 購入しない | |
| パン | 購入する | 20 | 15 | |
| | 購入しない | 350 | 500 | |
| 合計 | | | | |

答え

| 女子 | | コーヒー | | 合計 |
|---|---|---|---|---|
| | | 購入する | 購入しない | |
| パン | 購入する | 20 | 15 | 35 |
| | 購入しない | 350 | 500 | 850 |
| 合計 | | 370 | 515 | 885 |

男子の売上のときと同様に、大きな数値に注目してみましょう。

350人と500人が問題ですよね！

350人はコーヒーだけを買う人で、コーヒーを買う人全体の95％にもなりますね。

コーヒーもパンもどちらも買わない 500 人は、全体の 56% にもなります！

男子の場合は、どちらも買わない人は 40 人でした。男女で元々の人数が違う（男子総合計：220 人、女子総合計：885 人）というのも念頭に置いておかないといけませんが、それにしても 500 人は大きな数値ですよね。

**ベン図**に表すと、このようになります。

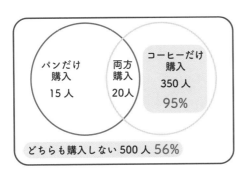

パンだけ
購入

15 人

両方
購入

20人

コーヒーだけ
購入

350 人

95%

どちらも購入しない 500 人 56%

割合を算出するとわかりやすいですね！

つまり、次のようなことがいえます。

・コーヒーだけを買う 350 人に、パンも一緒に買ってもらいたい
・何も買わない人たちに、何かを買ってもらいたい

あなたならどういう作戦を考えますか？

このように分析すると、販売促進という大きな課題に対して、何から作戦を立てればよいのかがわかります。
そして、「該当部分にどのようにアプローチするか」という次の検討事項が浮かび上がってくるのです。
ここからはそれぞれのアイデアや企画力の問題になっていきます。

# 散布図から分析する

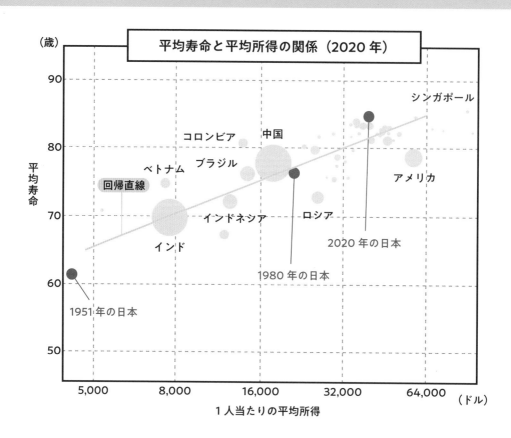

平均寿命と平均所得の関係（2020年）

（歳）

90
80
70
60
50

平均寿命

シンガポール
コロンビア
中国
ベトナム
ブラジル
回帰直線
インドネシア
ロシア
アメリカ
インド
2020年の日本
1980年の日本
1951年の日本

5,000　8,000　16,000　32,000　64,000　（ドル）

1人当たりの平均所得

これは、平均寿命と平均所得の2つの量を表す散布図です。

## ✎ 散布図

縦軸と横軸の2つの別の項目で量を計測し、
そのデータの分布を表現するためのグラフ

黄色い線は何ですか？

黄色い線は回帰直線といって、幅のある数値に
対して平均的な位置に引いた直線のことです。

## ✏️ 回帰直線

幅のある数値に対して、平均的な位置に引いた直線のこと。
平均に回帰する直線。

データの特徴について考えるとき、回帰直線を基準に考えるとわかりやすいのですね。

そうです！　ではデータ全体の特徴については、どのようなことがいえますか？
この散布図からさまざまなことが読み取れますが、あなたはどんなことに気付きましたか？

全体的には、所得が増えると寿命も長くなっています。

そうですね。では、日本は1951年からの70年間でどう変化しましたか？

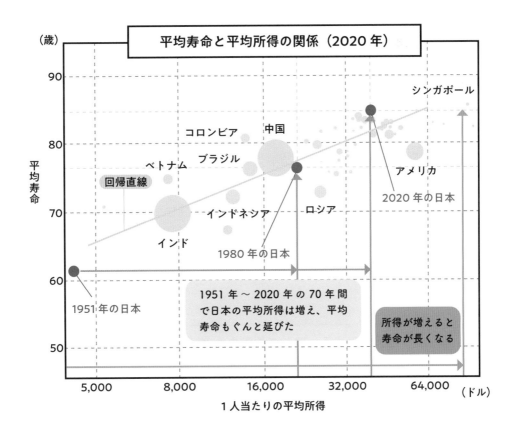

日本は、どんどん平均所得が増えていき、1980年には中国とほぼ同じになっています。平均寿命もほとんど同じです。
さらに平均所得が増えると、平均寿命も中国を追い越しました。

そのとおりです。
このように、平均所得と平均寿命は、片方の値が増加するともう一方も増加しているので、正の相関になっているといえます。
では、日本以外の国もみてみましょう。
回帰直線から離れた位置にあるアメリカとコロンビアについて、原因はどのようなことが考えられるでしょうか？

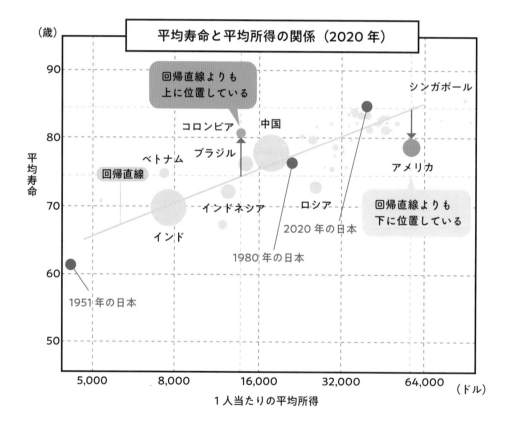

回帰直線の下に離れて位置するアメリカは、平均所得は高いですが、平均寿命は回帰直線から予測できる場所より下に位置しています。

つまりアメリカは、平均所得が高い割に、平均寿命が短いのですね。

回帰直線の上に離れて位置するコロンビアは、回帰直線から予測できる位置より平均寿命が上がっています。

コロンビアは平均所得に対しては、平均寿命が長いということがわかりますね。

これはどうしてでしょうか?

いろんなことが考えられますが、アメリカについては、貧富の差の大きさが表れているのかもしれません。また、超高所得者の存在に引っ張られて、平均所得も高くなっているのかもしれませんね。高所得ではない人の数の方が多いと、平均寿命は低くなることが考えられるからです。

このようなことを考えるために必要なのが、論理的・批判的思考力なのです。

散布図の形から、相関の強弱について判断することができます。

今回の例では、平均所得が増えると平均寿命が長くなっており、つまり一方の値が大きくなると、他方の値も大きくなっていました。
散布図の点は右上がりに分布し、**正の相関関係がある**といえます。

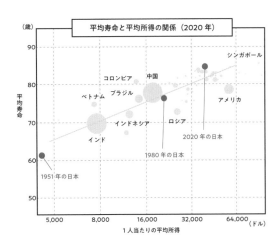

平均寿命と平均所得の関係（2020 年）

逆に、一方の値が大きくなると、他方の値は小さくなっている場合、
散布図の点は右下がりに分布し、**負の相関関係がある**といえます。

散布図の点がまんべんなく散らばっていたら、相関関係は無く、**無相関**と
なります。

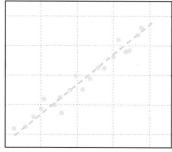  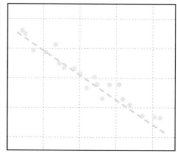

| 正の相関 | 無相関 | 負の相関 |
| :---: | :---: | :---: |
| 相関係数 r は +1 に近い | 相関係数 r は 0 に近い | 相関係数 r は -1 に近い |

**散布図の点の分布が直線に近づくほど、相関関係が強くなる**

相関係数 r って、何ですか？

相関係数は、相関関係の強弱を数値化したものです。
くわしくは後ほど学習します。

## まとめ　質的変数と量的変数について

**質的変数**は、例えば性別や好き嫌いなど、**数字で測ることのできない変数**のことです。

Lesson1 では、パンとコーヒーの男女別の売上という 2 つの変数の関係をクロス集計表で調べました。

それに対して、**量的変数**は、点数や人数、売上など、**数字で測ることのできる変数**のことです。

Lesson2 で行なったように、量的変数は、散布図や相関係数で調べることができます。

これまでの学習で、平均だけではデータの分布を把握できなかったように、相関係数だけでも把握することはできません。

散布図などを用いて、データの偏りやちらばり具合を確かめながら多面的に判断することが大切です。

# 共分散

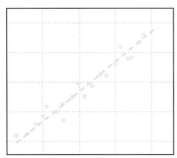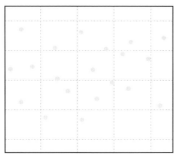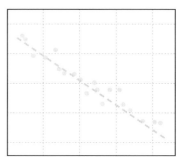

散布図をみて、分布のちらばりの大きさや、右上がりか右下がりかによって、2つの変数の関係を分析することを学びました。

それを数値で表したのが、共分散です。

## 例 題

下の表の、試験の得点と勉強時間に相関関係はありますか？

| 試験得点（点） | 2 | 3 | 7 | 6 | 5 |
|---|---|---|---|---|---|
| 勉強時間（時間） | 1 | 4 | 6 | 9 | 4 |

勉強時間が増えると点数が上がる 正の相関なのか、
勉強時間が増えると点数が下がる 負の相関なのか、
あるいは、勉強時間と試験の点数は関係ない 無相関なのかを
判断するんだね。

2組のデータの関係を数値で表し、分析できるのが
共分散なのです。

## 共分散

共分散 = 「一方の偏差 × 他方の偏差」の平均

共分散は、①平均 → ②偏差 → ③偏差の積 → ④共分散
の順に求めていましょう。

### ①平均を求める

| 試験得点 | ( 2 | + | 3 | + | 7 | + | 6 | + | 5 ) ÷ 5 = 4.6 |
|---|---|---|---|---|---|---|---|---|---|
| 勉強時間 | ( 1 | + | 4 | + | 6 | + | 9 | + | 4 ) ÷ 5 = 4.8 |

### ②偏差（平均との差）を求める

| 試験得点 | -2.6 | -1.6 | 2.4 | 1.4 | 0.4 |
|---|---|---|---|---|---|
| 勉強時間 | -3.8 | -0.8 | 1.2 | 4.2 | -0.8 |

### ③偏差積（②の偏差に対応する値同士の積）を求める

| 試験得点 | -2.6 | -1.6 | 2.4 | 1.4 | 0.4 |
|---|---|---|---|---|---|
|  | × | × | × | × | × |
| 勉強時間 | -3.8 | -0.8 | 1.2 | 4.2 | -0.8 |
|  | = | = | = | = | = |
|  | 9.88 | 1.28 | 2.88 | 5.88 | -0.32 |

### ④共分散（偏差積の平均値）を求める

（9.88 + 1.28 + 2.88 + 5.88 +（-0.32）） ÷ 5 = 3.92

共分散は、3.92 になりました。

共分散の値が大きいほど、正の相関関係が強くなり、
共分散の値が小さいほど、負の相関関係は強くなり
ます（共分散は負の数になることもあります）。

平均値だけではデータの分布の性質を捉えることはできないので、データのちらばり具合を表す値の**分散**を学びました。

**偏差**は平均との差のことですが、偏差は合計すると 0 になってしまいます。0 にならないよう、偏差を 2 乗してデータの数で割った数を**分散**といい、さらに分散の平方根（$\sqrt{分散}$）で**標準偏差**を求めました。

（34 〜 37 ページを参照）

分散と共分散の違いは、
分散は 1 つのデータに対しての値で、
共分散は 2 つのデータに対しての値なんだね！

# 相関係数 r

先ほどの問題で、試験の得点と勉強時間には正の相関があることがわかりました。でも、共分散の数値を確認しても、どの程度の相関があるのかは把握しづらかったですね。

そうですよね。どの程度の相関があるのか把握しやすくするために作られた指標が、相関係数 r です。Lesson3 の続きから、相関係数 r を求めていきましょう。

## ✒ 相関係数 r

$$相関係数\ r = \frac{2\ \text{つのデータの共分散}}{2\ \text{つのデータの標準偏差の積}}$$

## ⑤ 2つのデータの標準偏差を求める （標準偏差の求め方は前ページの復習を参照）

|  | 偏差の2乗 |  |  |  |  | 偏差の2乗の合計 | 分散 | 標準偏差 |
|---|---|---|---|---|---|---|---|---|
| 試験得点 | 6.76 | 2.56 | 5.76 | 1.96 | 0.16 | 17.2 | 3.44 | 1.854 |
| 勉強時間 | 14.44 | 0.64 | 1.44 | 17.64 | 0.64 | 34.8 | 6.96 | 2.638 |

## ⑥ 相関係数 r を求める

$$相関係数\ r = \frac{2\ \text{つのデータの共分散}}{2\ \text{つのデータの標準偏差の積}} = \frac{3.92}{1.854 \times 2.638} = 0.801$$

相関係数 r は、0.801 になりました。

相関係数 r の値が 1 に近いほど正の相関が強く、－1 に近いほど負の相関が強いので、今回の相関係数 r ＝0.801 は、強い正の相関を示しているということになります。

一般的に相関係数 0.7 以上は強い相関であるといわれますが、今回はそれ以上に強い相関を示していますね。

–1 に近いほど負の相関が強く、1 に近いほど正の相関が強い

負の相関　　　　　　　　　　　　　　正の相関

-1　　　　　　　　0　　　　　　　　1

## 練習問題①

下の表は、A ～ H の店舗の、ピーマンと納豆の販売個数です。
ピーマンと納豆の販売個数の、共分散と相関係数 r を求めましょう。

| 店名 | ピーマン | 納豆 |
|------|---------|------|
| A | 25 | 45 |
| B | 15 | 20 |
| C | 61 | 73 |
| D | 20 | 38 |
| E | 49 | 67 |
| F | 33 | 48 |
| G | 28 | 43 |
| H | 70 | 75 |
| 平均 | 38 | 51 |

## 偏差

| 店名 | ピーマン | 納豆 |
|---|---|---|
| A | -13 | -6 |
| B | -23 | -31 |
| C | 23 | 22 |
| D | -18 | -13 |
| E | 11 | 16 |
| F | -5 | -3 |
| G | -10 | -8 |
| H | 32 | 24 |

## 共分散

| 店名 | ピーマン | 納豆 | 偏差積 |
|---|---|---|---|
| A | -13 | -6 | 78 |
| B | -23 | -31 | 713 |
| C | 23 | 22 | 506 |
| D | -18 | -13 | 234 |
| E | 11 | 16 | 176 |
| F | -5 | -3 | 15 |
| G | -10 | -8 | 80 |
| H | 32 | 24 | 768 |
| 平均 | | | 321.3 |

## 相関係数

| 店名 | ピーマン | 納豆 | 偏差積 |
|---|---|---|---|
| A | -13 | -6 | 78 |
| B | -23 | -31 | 713 |
| C | 23 | 22 | 506 |
| D | -18 | -13 | 234 |
| E | 11 | 16 | 176 |
| F | -5 | -3 | 15 |
| G | -10 | -8 | 80 |
| H | 32 | 24 | 768 |
| 標準偏差 | 18.8 | 17.9 | |

$$相関係数 r = \frac{2 \text{つのデータの共分散}}{2 \text{つのデータの標準偏差の積}}$$

$$= \frac{321.3}{18.8 \times 17.9}$$

$$= 0.95$$

**答え**

共分散　　321.3

相関係数 r　0.95

散布図はこのような形になります。

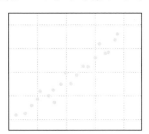

相関係数 r は +1 に近い

相関係数 r =0.95 は、1 にとても近いですね。

ピーマンと納豆の販売個数は、強い正の相関関係がある、つまり、ピーマンを買うほとんどの人は納豆も買うということです。

# 練習問題②

下の表は、1 ～ 12 の部屋の、最寄り駅からの所要時間と賃料です。
最寄り駅からの所要時間と賃料の、共分散と相関係数 r を求めましょう。

| 賃貸<br>部屋名 | 所要時間<br>（分） | 賃料<br>（万円） |
|---|---|---|
| 1 | 20 | 14.2 |
| 2 | 17 | 15.2 |
| 3 | 18 | 15.8 |
| 4 | 15 | 16.4 |
| 5 | 12 | 17.4 |
| 6 | 10 | 17.6 |
| 7 | 8 | 19 |
| 8 | 7 | 20.8 |
| 9 | 7 | 19.6 |
| 10 | 6 | 23 |
| 11 | 5 | 22.6 |
| 12 | 3 | 24.4 |

答え

共分散　　-15.7
相関係数 r　-0.95

散布図はこのような形になります。

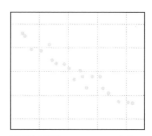

相関係数 r は -1 に近い

相関係数 r が -0.95 だから、負の相関
が強いのですね！

駅までの所要時間が長いほど賃料は安く、
所要時間が短いほど賃料が高いということ
がわかりますね。

# 第2章

# データサイエンスの活用

## 論理的・批判的に考える方法

# Lesson 1 データを分析する

第1章では、データの整理や可視化の方法など、データに対する基本的な考え方や扱い方を学びました。でも、標準偏差や偏差値は単なる数値でしかないですよね。

そう、数値だけでは何も役に立ちません。データを効果的に活用するには、データをひも解き、意味づけ、価値を引き出す必要があります。

これがデータを科学（サイエンス）するということですね！

その通り、そしてそのための能力がデータ・リテラシーです。
データを使いこなすことで、さまざまな問題の解決に活用することができるのです。

## データの活用に向けて

①問題解決に必要なデータを収集・整理します。

②それらを適切に**分析**し、解決できるかどうかを確かめます。

③**論理的・批判的思考**でさらに検証を深め、根底にある問題点や、その解決のための具体的な方法を導き出します。

◎ここで要となる**論理的・批判的思考**の方法：

**帰納的推論**（induction）　**演繹的推論**（deduction）　**仮説的推論**（abduction）

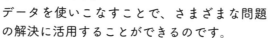

◎この一連の問題解決の手順のモデル：　　**PPDAC サイクル**

まずデータを収集すること、そしてそれを整理した後、どのように分析していくかを学んでいきましょう。

## 例 題

親指から小指に向かって1、2、3……と数えていき、小指までいったら薬指に戻り、これを繰り返します。
50、100、150、200 はどの指になりますか。

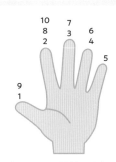

実際に自分の手で1から数えていくと、50 は人差し指になりました！
でも、数が大きいと大変です。途中で間違えてしまいそう…。
どんな数でも、どの指になるかがすぐにわかる方法はないでしょうか？

まずはデータを集めてみましょう。
どんなデータを集めるかという見通しも大切ですよ。

じゃあ、数えた数字を書いていきますね。

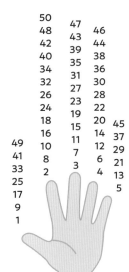

次は、このデータをどう整理すればよいか、考えてみましょう。

どのようにグルーピング（いくつかのグループに
組分けすること）すればいいと思いますか？

親指と小指以外は、データが2倍の数ありますね。
〈親指→小指〉と、〈小指→親指〉を分けて整理してみます。

〈小指→親指〉を丸で囲むと…

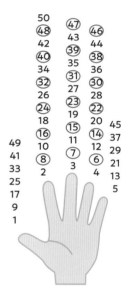

人差し指は、8、16、24、32…と
8の倍数になっていて、
丸がついていない数字も10、18、
26、34…と8ずつ増えています。
他のどの指でも8ずつ増えています。

グルーピングしてみると、これまで見えなかっ
た関係が見えてきますね。
次は、これをどのように整理して表せばいいか
考えましょう。

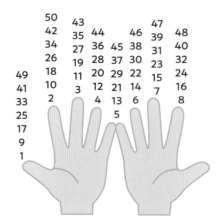

小指と親指は重なるんですね。

表に整理してみると…

| 余り 1 | 2 | 3 | 4 | 5 | 6 | 7 | 0 |
|---|---|---|---|---|---|---|---|
| 親指 | 人差し指 → | 中指 → | 薬指 → | 小指 | 薬指 ← | 中指 ← | 人差し指 ← |
| 1 | 2 | 3 | 4 | 5 | 6 | 7 | 8 |
| 9 | 10 | 11 | 12 | 13 | 14 | 15 | 16 |
| 17 | 18 | 19 | 20 | 21 | 22 | 23 | 24 |
| 25 | 26 | 27 | 28 | 29 | 30 | 31 | 32 |
| 33 | 34 | 35 | 36 | 37 | 38 | 39 | 40 |
| 41 | 42 | 43 | 44 | 45 | 46 | 47 | 48 |
| 49 | 50 | 51 | 52 | 53 | 54 | 55 | 56 |

8 の倍数

8 で割った余りの分類になっています！

これを、8 の剰余系といいます。
では、100・150・200 はどの指でしょうか？

100 ÷ 8 = 12…4　余りは 4 だから薬指
150 ÷ 8 = 18…6　余りは 6 だから薬指
200 ÷ 8 = 25　　　余りは 0 だから人差し指
になりますね！

カレンダーの曜日も、7 の剰余系で分類する
ことができますよ。

どの曜日も 7 ずつ
増えていますね。

| 余り 0 | 1 | 2 | 3 | 4 | 5 | 6 |
|---|---|---|---|---|---|---|
| 日 | 月 | 火 | 水 | 木 | 金 | 土 |
|  | 1 | 2 | 3 | 4 | 5 | 6 |
| 7 | 8 | 9 | 10 | 11 | 12 | 13 |
| 14 | 15 | 16 | 17 | 18 | 19 | 20 |
| 21 | 22 | 23 | 24 | 25 | 26 | 27 |
| 28 | 29 | 30 | 31 |  |  |  |

7 の倍数

毎年 4 月 4 日、6 月 6 日、8 月 8 日は同じ曜日になります。2023 年なら火曜日、2024 年なら木曜日です。

どうして同じ曜日になるんですか？

4 月 4 日から 6 月 6 日までは 63 日間、6 月 6 日から 8 月 8 日までも 63 日間。他もそう、63 は 7 の倍数だからです。

なるほど。剰余系で同じ余りのグループになるんですね。
3 月 3 日と 7 月 7 日も、間が 126 日間で、7 の倍数だから同じ曜日になりますね。

## 例　題

おはじきとりゲームをします。

### ＜ゲームの条件＞

- おはじきの数は 17 個
- 先攻・後攻と交互に、1 回につき 3 個まで取って OK
- 最後に残った 1 個を取ったら負け

姉とゲームをしたら、負けてばっかりです。どうしたら勝てますか？

これまで、ゲームはどのように進みましたか？

いつも私が先行です。
　①私が3個を取り、姉が1個取ります。
　②私が1個を取り、姉が3個。
　③私が2個を取り、姉が2個。
　④私が3個を取り、姉が1個。
　⑤最後に残った1個を私が取って、負けます。

データを集めて整理してみるといいですよ。

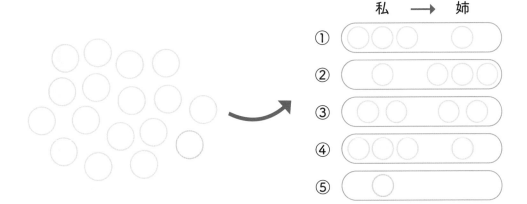

後攻の姉は、4個のセットを作るように取っていたのですね。
4個×4セット＝16個。
おはじきは全部で17個だから、最後に残る1個を先攻の私が取って負け。

17は4×4プラス1なので、そういうことですね。
では、先攻が勝つにはどうしたらいいでしょうか？
個数を変えてもいいですよ。

例えば、おはじきを1個増やして、先攻が1個取り、次からは後攻が取る数と足して4個のまとまりになるように取っていったらどうでしょうか。

なるほど。後攻と先攻が入れ替わることになるのですね。
他にも先攻が勝つ方法はありますか？

3個までなら増やしても大丈夫です。増やした数だけ先攻が最初に取ってしまえばいいですね。

その通りです。このような「4個ずつになるように取る」操作を繰り返していけば勝つというアルゴリズム（定型化した一連の操作）を、プログラミングするといいですよ。全部の個数や、取る個数などのルールを変えても、同じ考え方が使えますよ。
プログラミングとは、このように論理的に考えてアルゴリズム化することなのです。

# 論理的・批判的に読み取る力

## 例　題

どちらのサプリのほうが効果がありますか？

確実に減量します

15kg 減、9kg 減に成功した人もいます

サプリ A　　　　　サプリ B

1 か月間モニターに試してもらった結果、どちらのサプリも平均 5kg 減量でした。

データから読み取れることをさらに引き出してみましょう。

どちらのサプリでも平均 5kg 減量ですね。
サプリ B は、15kg や 9kg など大幅に減量した人がいるみたいですが、平均の 5kg より減量が少ない人や、もしくは逆に体重が増えた人もいるかもしれませんね。

なるほど、よく考えましたね。
サプリ A はどうですか。

「確実に減量します」だから、増量した人はいないはずですね。
全員の減量数の合計を、その人数で割った数が -5kg になったということですね。

その通り、論理的に考えて情報をどんどん引き出していきましょう。
あなたはどちらを選びますか？

小学 2 年の算数の問題です。どのように解きますか。

> 「ねこが 15 ひき います。ねこは、いぬより 4 ひき 多いそうです。
> いぬは 何ひき いますか。」

「多い」「ふえる」「あわせて」といった言葉で、足し算を使うと判断するのではありません。言葉をてがかりに問題の構造をつかんで、なに算を使えばよいかを判断するのです。その際、図で構造化するのもいい方法です。下のように図で表すと、

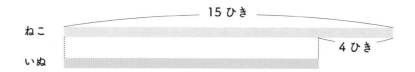

いぬは、ねこの 15 ひきから 4 ひきを取った数と同じだから、引き算を用いて、

　式　15 − 4 = 11

答え　11 ぴき　になります。

図で表すのもいい方法ですが、論理的・批判的思考で情報を引き出すことも有効な方法ですよ。

「ねこは、いぬより 4 ひき多い」は、言い換えると「いぬは、ねこより 4 ひき少ない」。だから引き算を使って 15 − 4 で、いぬは 11 ぴきです。

その通りです。
データを読み取るときには、数字だけでなくその背景にあるいろんなことを考えて読み取ることが大切です。
順序立てて論理的・批判的に考えると、はじめには見えなかった情報が見えてきますよ。

長方形 ABCD のまわりの長さは、何 cm ですか。ただし色のついた部分は
正方形です。

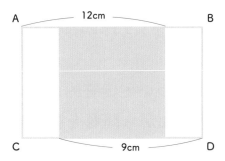

（第 6 回ジュニア算数オリンピック 2002 トライアル）

どう解いていけばいいのか、見当がつきません！

ひとまず、わかることを全部書き出してみましょう。
データを並べてからあらためて考えてみると、見通
しが立つことがよくありますよ。

正方形と長方形からわかることを書き出すと…

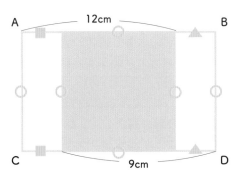

まわりの長さは、○ 4 つと■ 2 つと▲ 2 つ。
■と○で 12cm、○と▲で 9cm だから、
12cm と 9cm の和 21cm を 2 倍して 42cm ですね！

# Lesson 3 論理的・批判的思考

## データサイエンスによる問題解決とは

エビデンスに基づいて実証的に、かつ論理的・批判的に解析しながら問題を解決していくこと

### 論理的な思考

前提が正しくて、鎖どうしのつながりが筋の通っているとき、結論も正しいとする思考

前提 ◯ ◯ ◯ ◯ 結論

### 批判的思考

筋道立っているように展開される論理のなかの矛盾や論理の飛躍を見つける思考

論理的思考と批判的思考は並行してトレーニングするのが効果的です。

問題の矛盾や飛躍を解決し、止揚して文殊の知恵を生み出すことこそが知的なコラボレーション。学校の授業は、この能力を育てる場なのです。

### 例　題

これは正しいですか。正しくない場合は、どこがおかしいですか。

> 子どもはうそをつかない。
> たかしは、子どもである。
> だから、たかしはうそをつかない。

前提がおかしいです。子どももうそをつくからです。

どう直せばいいですか？

子どもはうそをつくこともある。
たかしは、子どもである。
だから、たかしはうそをつくこともある。

そうですね。このような論理の矛盾を
見つけるための批判的思考力を身に付
けないといけませんね。

### 例　題

これは正しいですか。正しくない場合は、どこがおかしいですか。

$a = b$ とする。

両辺に $a$ をかけて

$a \times a = b \times a$

両辺から $b^2$ を引いて

$a^2 - b^2 = ab - b^2$

$(a + b)(a - b) = b(a - b)$

両辺を $(a - b)$ で割って

$a + b = b$

$a = b$ だから

$a + a = a$

$2a = a$

両辺を $a$ で割って

$2 = 1$

あれ、2=1 になるなんておかしいですね。

両辺を (a-b) では割れません。0 で割ることになるからです。
前ページの「たかしはうそをつかない」は前提がおかしかったですが、これは途中のプロセスがおかしいのです。

電卓でやってみると…

$$0 ÷ 5 = 0$$

$$0 ÷ 0 →エラー$$

$$5 ÷ 0 →エラー$$

※数学的には、5 ÷ 0 つまり n ÷ 0（n は 0 ではない）はできない。
なぜなら 0 と答えの積が n になることはないから。
0 ÷ 0 はどんな数でもよい。

## 例　題

これは正しいですか。正しくない場合は、どこがおかしいですか。

A さんは、自動車の模型を 1000 円で買いました。
B さんが譲ってほしいというので 1200 円で売り、A さんは 200 円儲けました。
ところがその後、A さんはやはり返してほしくなり B さんに言ったところ、1400 円なら譲ってあげると言われました。
仕方なく 1400 円で譲ってもらい、A さんは 200 円損をしました。
しかし B さんがもう一度譲ってほしいというので、1600 円で譲り、A さんは 200 円儲けました。

A さんは、はじめに 200 円儲けて、その後 200 円損をし、最後には 200 円得をしたので、結局のところ差引 200 円の得になりました。

本当に？　何かごまかされているみたいです。

順序立ててデータを整理し、論理的・批判的に振り返っていきましょう。

お金の出入りを、実際のお金の出入りのようにAさんのサイフで順序立てて考えてみます。

| | |
|---|---|
| 1000 円 | **支出** |
| 1200 円 | **収入** |
| 1400 円 | **支出** |
| 1600 円 | **収入** |

**支出の合計**　2400 円
**収入の合計**　2800 円
差引で　**400 円の得**

**例　題**

これは正しいですか。正しくない場合は、どこがおかしいですか。

100kg のパンダが**「20％やせる薬」**を飲んだら 80kg になりました。でも急激にやせてみんなが心配するので、あわてて**「20％太る薬」**を飲んでもとにもどりました。

あれ、「20％太る薬」では 100kg になりませんね。

割合は、「もとになる量」から「比べる量」をみて何倍になるかを数値化したもの。もとになる量が100kg から 80kg に変わっているため、必要な％の値も変化するんですよ。

100kg をもとにしての 20％減だから
80kg になり、80kg をもとにしての
20％増だから、16kg 増えて 96kg に
なります。もとには戻りませんね。

もとの 100kg にもどるには、「何％太る薬」
を飲めばいいですか。

80 をもとにして 100 を比べると
1.25 倍になるから、「25％太る薬」
を飲めばいいのですね。

「80kg からもう 20kg 増やすには何％増やせば
よいか」と考えることもできますよ。80 をもと
にして 20 を比べると、20 ÷ 80 = 0.25 となる
ので、「25％太る薬」が必要だとわかりますね。

同じように考えてみましょう。
お母さんのふきだしの続きはどうなりますか。

私をもとにして赤ちゃん
の身長を比べると、

ぼくをもとにしてお母さん
の身長を比べると、
150 ÷ 30 = 5
となるので、お母さんの身
長はぼくの身長の 5 倍。

150cm

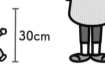
30cm

お母さんをもとにして赤ちゃんの身長を比べると、
30 ÷ 150 = 0.2 となるので、
赤ちゃんの身長はお母さんの身長の 0.2 倍です。

## 例　題

これは正しいですか。正しくない場合は、どこがおかしいですか。

> 店員「半額セールだよ。さらにレジで 20％引きだよ」
> 客1「50％＋ 20％で 70％引きになるんだ」
> 客2「元の値段の 3 割になるんだね。安い！」

元の値段を 1000 円として、
順序立てて考えてみましょう。

1000 円が半額で 500 円。さらに 500 円
の 20％である 100 円分の割引。
結局払うのは 400 円だから、全部で 60％
引きになりますね。

元の値段を 1 として割合を考えてみると、
1 × 0.5 × 0.8 ＝ 0.4
になり、元の値段の 40％になりますね。

では、「本日は 40％オフ、さらにレジにて 25％オフ」
は実際には何％オフになりますか。

元の値段を 1000 円とすると…　　｜　　元の値段を 1 とすると…

「2000mg のビタミンＣが摂れます」より、「レモン 100 個分の
ビタミンＣが摂れます」の方がお得感があります。このように
身近なものに例えて心理的錯覚を起こす効果を行動経済学では
「シャンパルティエ効果」といいます。2 段階の割引も実際の割
引以上のお得感を感じさせることができます。

病院で、3割負担で900円払いました。もし健康保険証を持っていなくて全額負担だったなら、いくら払うことになっていたのでしょう。

全額負担の0.3倍が900円だから、900円を0.3で割って、3000円ですね。3000円を0.3倍して確かめると900円になりますね。

（全額）× 0.3 = 900 だから
900 ÷ 0.3 で全額が求められるのですね！

医療費が自分ごととして考えられますね。他の例も考えてみましょう。

| 0.3m | 1m |
|---|---|
| 300 円 | 円 |

0.3mで300円のリボンを1m買いたいとき、代金はいくらになるのでしょう。

1mの値段を0.3倍したら300円だから、300円を0.3で割って1000円。確かめとして1000円を0.3倍しても300円になるので大丈夫ですね。

**例題**

W市の人口は何人でしょう？

> W市では
> 全市の4割にあたる
> 6万人が断水
> の被害にあいました。

6万を0.4で割って15万人です。私の住んでいる市の人口と同じくらいの人数ですね。このように考えると、テレビのニュースが自分ごとになりますね。

**例題**

これは正しいですか。正しくない場合は、どこがおかしいですか。

AさんとBさんが、100m競争をしました。

Bさんがゴールインしたとき、Aさんはまだ3m手前でした。

そこで、Bさんのスタートラインを3m下げてもらいました。

Aさんは、これでBさんと同時にゴールインできることになりました。

本当ですか？　できなさそうな気がします。

データを図式化して、整理してみましょう。

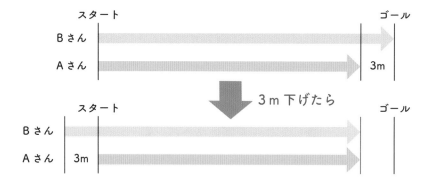

ゴールの3m手前で並びますが、その3mの間でBさんが追い越し先にゴールインします。したがって、この例題は間違っています。図式化したら一目瞭然ですね。

それでは2人が同時にゴールインするには、どうしたらいいですか？

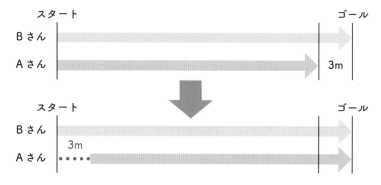

Aさんのスタートラインを3m先に進ませておけば、2人同時にゴールインできます。

では、Aさんが先にゴールインするにはどうしたらいいですか？

Aさんのスタートラインを3mよりまだ先に進めておくか、Aさんのスタートラインを3m先にしたうえでBさんのスタートラインをすこしさげておけばいいですね。

その通り。論理的に考え、納得できる答えが出せましたね。
もしくは、後述するIf思考で、「もしゴールまで10秒かかったら…」と仮定して計算して確かめることもできます。
その場合、Bさんは秒速10m、Aさんは秒速9.7mです。

## 例 題

A・B・Cの3本の棒があり、Aの棒には3枚の円盤が刺してあります。
この3枚の円盤を、下から大・中・小のこのままの形で、BかCの棒に移し替えます。
円盤は1回に1枚しか動かせず、小さな円盤の上に大きな円盤を置いてはならないとすると、何回でできますか?

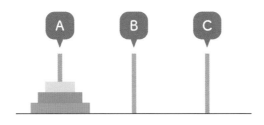

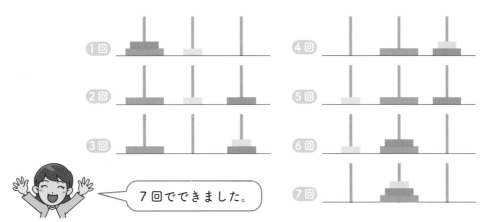

7回でできました。

では円板が４枚なら、何回でできますか？

実際に試行錯誤してみるしか方法はないのでしょうか。

論理的に考えてみましょう。
３枚の下にもう１枚増えて（３＋１）枚になったと考えて、まず３枚を移してみたらどうですか。

３枚をＢに移した後、４枚目をＣに移して、ＣにＢの３枚を移せばいいのですね。

４枚のときの回数は７＋１＋７の式で求められます。どうしてでしょうか。

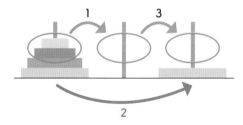

７＋１＋７の式の最初の７は、前回に戻って３枚の円板を移した回数、次の１は４枚目の大きな円板を移した回数、最後の７は４枚目の上に、前回の３枚の円板を移した回数でしょう。
１つ前に戻って考えていくと、何枚でも求められますね。

では、円板が64枚なら何回になるか。
データを整理して式化し、求めてみましょう。

データを補いながら整理すると

3枚なら　3 + 1 + 3　　で　7
4枚なら　7 + 1 + 7　　で　15
5枚なら　15 + 1 + 15　で　31
6枚なら　31 + 1 + 31　で　63
　　　⋮　　　　　⋮　　　　　⋮
64枚なら　　　**?**　　で　**?**

7から15は8増え、15から31は16増え、
31から63は32増えています。
つまり、差は倍ずつ増えています。
「倍」に注目すると、1を足すと8、16、
32、64と倍ずつになっていますね。

1を足すと8、16、32、64・・・ となるので、
そこから「1を引く」と考えれば式化できますよ。

3枚なら　　　8 − 1
4枚なら　　　16 − 1
5枚なら　　　31 − 1
6枚なら　　　64 − 1
　　　⋮　　　　　⋮
64枚なら　　　**?**

もう少しシンプルにして一般化しないと、
64枚がすぐに求められませんね。

2進数を思い出すといいですよ。
8は$2^3$、16は$2^4$、32は$2^5$、64は$2^6$でしたよね。

$$3枚なら\quad 7\quad で\quad 2^3 - 1$$
$$4枚なら\quad 15\quad で\quad 2^4 - 1$$
$$5枚なら\quad 31\quad で\quad 2^5 - 1$$
$$6枚なら\quad 63\quad で\quad 2^6 - 1$$

ということは、
64 枚なら　$2^{64} - 1$
n 枚なら　$2^n - 1$
　　　　になりますね。

$2^{64} - 1$ は、1844 京 6744 兆 737 億 955 万 1615 回になりますよ。

64 枚も移し替えるのにどれくらいの時間がかかるか、見当がつきませんね！

これは「ハノイの塔」といって、140 年も前の 1883 年に仏の数学者リュカが考案した玩具と創作話です。4 枚の移し替えを 3 枚の移し替えから考えたように、プログラミングの考え方につながる再帰的アルゴリズムが学べます。
ガンジス河畔にある寺院の大理石の柱に重ねてある 64 枚の円板を移し替えたら世界が崩壊するとのふれ込みですが、この数字が「64 ビット」につながっているところに先見の明がありますね。

5人の背番号は、それぞれ何番でしょう。

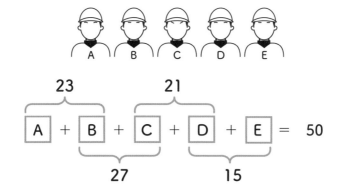

$$23 \qquad 21$$
$$A + B + C + D + E = 50$$
$$27 \qquad 15$$

未知数が5つで、式も5つ立つから
方程式で解けるはずなのですが…

観点を変えて考えてみましょう。

$$23 \qquad 21$$
$$A + B + C + D + 6 = 50$$

$$8 + B + C + D + 6 = 50$$
$$27 \qquad 15$$

下の情報を隠してみたら、Eの6がわかります。
上の情報を隠すとAの8がわかります。
このように順に考えていくといいですよ。

うまくいかないときは判断を保留し、観点を
変更して、多面的に見ることを忘れないよう
にしないといけませんね。

? に入る数字はなんでしょう。

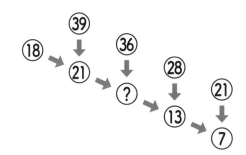

36 − 21 で 15 でしょう。

なるほど。では、それで最後の⑦まででうまくいきますか？

あれっ、21 − 13 は 8 になってしまいます。

うまくいかないときは、観点を変更してみましょう。

21 と 13 なら、2 と 1 に 1 と 3 を足すと 7 になります。数字をばらばらにして、足し算をしていけばいいのですね。

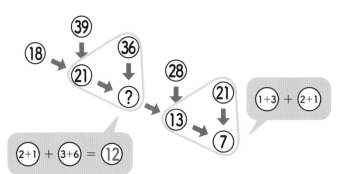

# 論理的・批判的思考の方法

論理的・批判的思考の基本となる考え方には、
帰納的推論・演繹的推論・仮説的推論の３つがあります。

### ✐ 帰納的推論 (induction)

**複数の事象から共通点を見つけて、１つの結論を導き出す方法**

個別の経験から一般的な原理や正しい認知を見いだ
す推論の方法のことで、不確定要素の多いビジネス
の世界ではよく使われる思考法です。

### 例　題

１本の直線で長方形を２等分します。どのように引けばよいでしょうか。

この４つは２等分した例です。
これらに共通していることはなんですか？

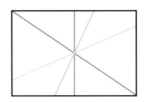

どれも対角線の交点を通っていますね！
つまり対角線の交点を通る直線を引けば、
面積を2等分できるということですね。

その通り！　このようにして複数の事象から、
共通点を見つけるのが帰納的推論です。

**例　題**

C店の売上をのばすにはどうすればよいですか。

**店舗今期売上**

最頻値
800万円

B店
800万円

E店
800万円

中央値
900万円

平均値
1000万円

| C店 | F店 | H店 | I店 | A店 | G店 | D店 |
|---|---|---|---|---|---|---|
| 400万円 | 800万円 | 900万円 | 1000万円 | 1100万円 | 1200万円 | 2000万円 |

売上が高い店舗を参考にすればいいのでは
ないですか？

売上の多い店舗に共通している要素や
類似性を導き出せばいいですよ。

どうやって導き出すのですか？

例えば、お客さんの実態（年齢層、家族連れかどうか、来
店の曜日時間帯）や、メニュー・店の雰囲気・席の配置
の満足度はどうでしょうか。それらをアンケートで調査
する場合、どのような質問を設定すればよいでしょうか。
こうした見通しを立てるには、構想力と企画力が必要です。

## ✏️ 演繹的推論 (deduction)

正しいとされる事象（原理や定理）から、妥当な結論を導き出す方法

算数・数学では、普遍的な原理としての定理に
したがって論理を展開します。

### 例 題

L字型の図形を1本の直線で2等分するためには、どのように引けばよい
でしょうか。

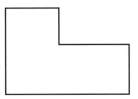

2つ前の例題で帰納的推論で導き出した「対角線の交
点を通る直線を引けば、面積を2等分できる」という
法則から演繹して、2つの長方形に分けてそれぞれの
長方形の対角線の交点を結べばいいんですね。

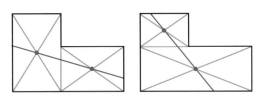

もう一通りできますよ。
大きな長方形から切り取ってL字型を作るのです。

切り取る

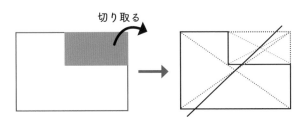

大きな長方形の半分から、小さな長方形の半分を切り取ればいいのか。

このように、きまりや法則を適用して広げ、展開していくのが演繹法です。

## 例　題

ア・イ・ウ・エ・オの5つの角の和を求めましょう。

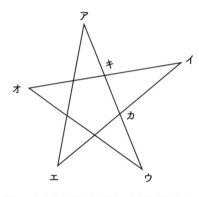

「三角形の内角の和は180°」この定理を演繹的に使いこなして、問題を解決してみましょう。

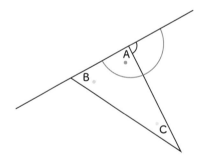

外角は内対角の和に等しいという定理によると、外角（A）は、内対角（BとC）の和に等しいです。

BとCの和がAの外角に等しいという定理は、どうして成り立つのでしょうか？

A・B・Cの和は180°
Aと、Aの外角の和も180°
よってBとCの和は、Aの外角に等しいです。

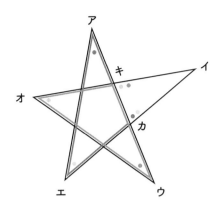

演繹的推論によると、△アエカにおいて、アとエの和は外角カになり、△オウキにおいて、オとウの和は外角キになります。よって、5つの角の和は△イカキの内角になるので180°です。

例　題

n角形の内角の和は 180 × n − 360 で求められます。これはどうしてですか。

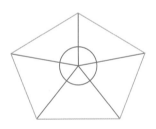 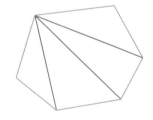

五角形なら△が5つだから 180 × 5、ここから真ん中の円の360°を引けばいいんですね。

180 ×（n − 2）でも求められますよ。これは、どう考えればいいでしょうか。

△に分割したら、辺の数より2つ少ない数に分割されるからですね。

そうです。論理的に考えるって、手応えがあって楽しいでしょう。

お月様の下に、もう1つお月様を置き、その下のお月様を固定します。その周りを上のお月様が1周して元の位置に戻るまでに、上のお月様は何回転しますか。

1回転だと思います。

実際にやってみましょう。

あれっ、2回転ですね。
どうしてでしょうか？

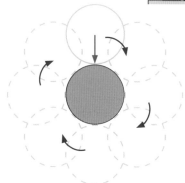

4rπ回っている間に、上のお月様自体は1周2rπで回転している

上のお月様の回転の軌跡（円周は4rπ）

公転しながら自転しているんですね。

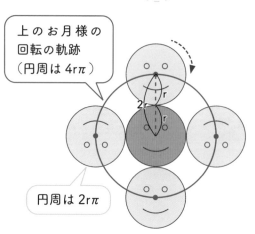

円周は2rπ

# 練習問題

円Aは半径3cm、円Bは半径6cmです。

円Aが円Bの周りを1周して元の位置に戻るまでに、円Aは何回転しますか。

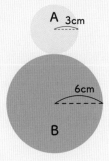

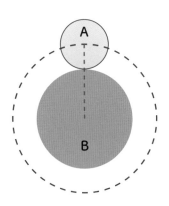

円Bのまわりをまわる円Aは、半径3cm + 6cmなので1周すると18π進むことになる。

その間に円A自体は、半径3cmなので1周で6π進む。

したがって

18π ÷ 6π = 3

「直径 × π ＝ 円周」の知識を演繹的推論によって活用するとこのような問題も解決できます。

答え

**3回転**

この立方体の展開図を組み立てたときに、頂点コに重なるのはどの頂点でしょうか？

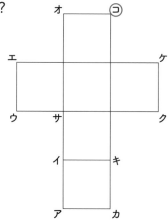

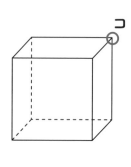

組み立てると３つの点が集まるので、１つはケ、もう１つは…？
頭の中で組み立ててみると、頂点カでしょうか？

演繹的推論によって論理的に考えることもできますよ。
頂点サからいちばん遠い頂点は、コ・ケ・カ。
頂点サからいちばん遠い頂点は１つだから、コ・ケ・カは１つに集まるのです。

なるほど！　いちばん遠い頂点を見つければいいんですね。でも、どうやって見つければいいですか？

〈帰納的推論によるいちばん遠い頂点の見つけ方〉

長方形の対角線上に位置する点がいちばん遠い頂点である。

頂点サからいちばん遠い頂点のコ・ケ・カはどれも、頂点サの対角線上に位置しています。

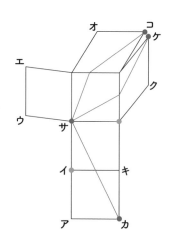

## 例 題

この立方体の展開図を組み立てたときに、頂点カに重なるのはどの頂点でしょうか？

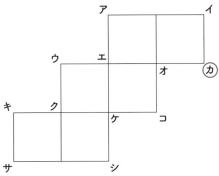

頂点カからいちばん遠い点は頂点ア。
頂点アから頂点カと頂点コがいちばん遠いから頂点カと頂点コが重なりますね。

コからいちばん遠い頂点は、アの他にもありますよね。

ウもですね！　だったらアとウも重なりますね。

頂点ウからいちばん遠い頂点は頂点コ・頂点シだから、この2つも頂点カに重なります。
頂点シからいちばん遠い頂点は頂点ウ・頂点キだから、この2つも頂点アに重なります。

あらためて見てみると、頂点ア・頂点ウ・頂点キと、頂点カ・頂点コ・頂点シがそれぞれ重なることがわかりますね。
これは組み立てたときを思い浮かべても確かめられますね。

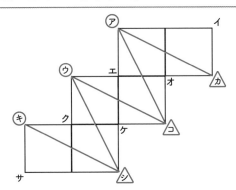

# 練習問題

これらの立方体の展開図を組み立てたときの、それぞれの赤点 ● に重なる頂点にしるしを付けましょう。

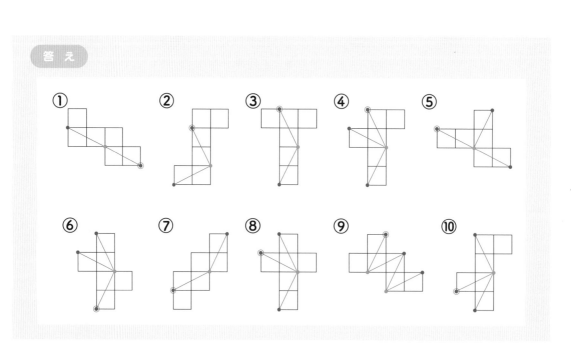

演繹的推論は正しいとされる事象（定理や原理）から妥当な結論を導き出す方法とのことですが、「正しいとされる事象」というのは、例えばどんなものがありますか？

人間の行動に関してなら、行動経済学の「ナッジ効果」はそのひとつです。
人の行動は必ずしも合理的ではなく、無意識のうちに誘導されて行動しており、その性質を利用した仕組みが普段の生活の中にたくさんあります。

## ナッジ効果の例

・駅のホームやスーパーのレジ前に足跡のマークがあると、それに従って並ぶ

・車の運転後に運転技能のスコアが表示されると、自身の運転を振り返る

・ＣＭでおいしそうにカレーを食べているのを見ると、カレーが食べたくなる

・同じ種類のお菓子でも、「カロリー控えめ」や「糖質30%オフ」の表示のある商品のほうを手にとる

・商品の価格に8という数字があると、安く感じる

・商品の「レア」「限定品」という表記につられる

・身近な人やインフルエンサーの発言や評価、直前に得た情報が自身の行動に影響する

強制されなくても自然な形で望ましい行動を促すことができるのですね。

「ドレス効果」という、人の服装による行動への影響もそうです。例えば、薬剤師やコック、整備士などに安心して頼めるのは、彼らが着ている服装の効果も働いているのですよ。

こうした効果に一方的に惑わされないようにしつつ、効果を有効に活用することもデータ・リテラシーとして大切ですね。

その通りです。データを活用する際は、自分で自分らしく考えたうえで判断し、その結果に責任を持つことを忘れないでくださいね。

## 仮説的推論 (abduction)

結論から推測し見つける方法。帰納法や演繹法と異なり、「もし○○ならば…」という仮説を設定し、そのプロセスで推論をつないでいく非線型の思考法。If思考とも呼ばれる。

思考を深めるための時間や、行き詰まった場合に視点を変更できる柔軟性や多面的な観点、クリエイティブな想像力が求められます。

### 例　題

三角形の中点連結定理「三角形の2辺の中点を結ぶ直線は、第3辺に平行で、かつ長さは半分である」を証明しましょう。

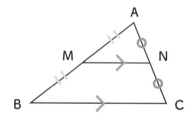

$$MN /\!/ BC$$
$$MN = \frac{1}{2} BC$$

中学3年の学習内容ですが、小学4年で学んだ平行四辺形の知識（定義と性質）をもとに証明できますよ。どんな仮説が成り立てば証明できるでしょうか？

平行四辺形なら、この5つの条件のどれかに当てはまればいいんですね。

### 平行四辺形の条件

①向かい合った2組の辺の長さは等しい

②向かい合った2組の角の大きさは等しい

③向かい合った2組の辺は平行である

④対角線が互いに他を二等分する

⑤1組の対辺が平行で、かつ長さが等しい

もし MN を 2 倍に伸ばして MDCB が平行四辺形になるなら、MN は BC と平行で、長さは半分になって証明できるのですが…

平行四辺形の条件
①②③④⑤全部ダメです。

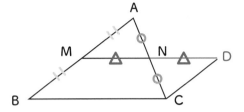

今現在わかっていることは全部書き込みましたか。それを振り返って見方を変えてみたら新しくわかることはありませんか？

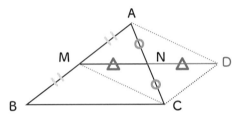

AC と MD は対角線が互いに他を二等分しているので、条件④「対角線が互いに他を二等分する」が当てはまります！
つまり、AMCD は平行四辺形です。

AMCD が平行四辺形なら、新しくわかることは何ですか？書き込みましょう。

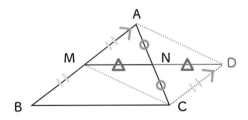

平行四辺形なら AM = DC、AM // DC がいえます。

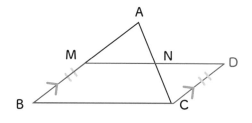

すると、AM の延長線である MB と DC という対辺が平行でかつ長さが等しくなるから、条件⑤より MBCD は平行四辺形になるんですね！

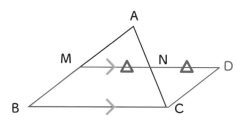

MBCD が平行四辺形なので、

MN // BC と MN $= \frac{1}{2}$ BC が成立します。

これで三角形の中点連結定理を証明できました。

行き詰まったときには観点変更するといいですね。
このようなプロセスを何度も経験することで、
思考力も強化されますよ。

鶴と亀が合わせて 10 匹、足の数は合計 34 本です。それぞれ何匹ずついますか。

鶴亀算は、仮説的推論の理解を深めるのにいいモデルです。

もし鶴も亀も 5 匹ずつだったら…と仮定すると、足の数は鶴が 10 本、亀が 20 本で合計 30 本です。34 本まで 4 本足りません。
　1 匹の鶴を亀に代えると足は 2 本増えるので、4 本増やすには 2 匹の鶴を亀に代えればよいですね。
　したがって答えは、鶴が 3 匹、亀が 7 匹です。

なるほど、順序立てて論理的に考えていけばいいんですね。鶴亀算ってすごいです！

いえ、これは鶴亀算ではないのですよ。
鶴亀算では、全部を鶴と考えたり、亀と考えたりして、その結論から解決のプロセスをたどっていくのです。

**鶴亀算の考え方**

 × 10　　　 × 0

もし鶴が 10 匹だったら…と仮定して、亀は 0 匹と考えてみます。

10 匹全部を鶴と仮定すると、足の数は 20 本です。
34 本までは 14 本足りません。1 匹の鶴を亀に代えると足は 2 本増えるので、14 本増やすには 7 匹の鶴を亀に代えればよいのです。
　したがって答えは、鶴が 3 匹、亀が 7 匹です。

すごい考え方ですね。教えてもらわないと、自然にはなかなか出てきませんね。

和算という、日本独自の数学の考え方ですよ。

## 例題

おばあちゃんの家に遊びに行きました。
行きは時速60km、帰りは時速40kmで往復しました。
平均時速を求めましょう。

時速50kmです。

どのように考えて、その答えが出ましたか？

行きの時速60kmと、帰りの
時速40kmを平均しました。

でもこの問題には、距離も時間も提示されて
いません。こんな時は「もし○○だとすると」
と仮定して進めればいいのです。

距離や時間を仮に設定すればいいんですね！
まずは、片道の距離を120kmや60kmに
設定してやってみます。

〈もし片道の距離を120kmと仮定すると…〉

行き：時速60km、帰り：時速40kmで往復したときの平均時速は？

行き：120（km）÷ 60（km/h）＝ 2（時間）
帰り：120（km）÷ 40（km/h）＝ 3（時間）
平均時速：240（km）÷（2 ＋ 3）（時間）＝ 48（km/h）

<u>答え　時速48km</u>

〈もし片道の距離を 60km と仮定すると…〉

行き：時速 60km、帰り：時速 40km で往復したときの平均時速は？

行き：60 (km) ÷ 60 (km/h) ＝ 1 (時間)
帰り：60 (km) ÷ 40 (km/h) ＝ 1.5 (時間)
平均時速：120 (km) ÷ (1 ＋ 1.5) (時間) ＝ 48 (km/h)

<u>答え　時速 48km</u>

次は、かかった時間を仮定して計算してみます。

〈もし片道 2 時間かかったと仮定すると…〉

行き：時速 60km、帰り：時速 40km で往復したときの平均時速は？

行き：60 (km/h) × 2 (時間) ＝ 120 (km)
帰り：40 (km/h) × 2 (時間) ＝ 80 (km)
平均時速：(120 ＋ 80) (km) ÷ (2 ＋ 2) (時間) ＝ 50 (km/h)

<u>答え　時速 50km</u> ？

あれ、時速 48km になっていないです！

批判的思考で振り返ってみましょう。
どこかがおかしくなっているはずですよ。

おかしなところを見つけました！
行きも帰りも距離は同じはずなのに、行きは 120km、
帰りは 80km になってしまっていました。

〈もし片道 2 時間かかったと仮定すると…〉

行き：時速 60km、帰り：時速 40km で往復したときの平均時速は？

行き：60（km/h）× 2（時間）＝ 120　　…片道の距離は 120km
帰り：120（km）÷ 40（km/h）＝ 3　　…帰りは 3 時間かかる
平均時速：(120 × 2)（km）÷ (2 + 3)（時間）＝ 48（km/h）

<u>答え　時速 48km</u>

もとに戻って、この問題はどうなるでしょう。

おばあちゃんの家に遊びに行きます。
行きは時速 60km で行くとき、帰りは時速何 km で帰れば平均時速が 50km
になるのでしょうか。

片道の距離を 120km、帰りの時速を □ km とすると、
行き：120 ÷ 60 ＝ 2（時間）　　帰り：120 ÷ □（時間）
往復の平均速度は 50km/h だから、240 ÷（2 + 120 ÷ □）＝ 50
□ を求めると、□ = 42.857142857142…
と循環小数になるので、約 43km　　　　　<u>答え　時速約 43km</u>

よって、帰りは平均時速約 43km で帰れば、
往復の平均時速が 50km になります。

（距離）÷（時間）＝（速度）で、速度は時間という単位量あたり
の距離のことだから、このうちの 2 つがわかればもう 1 つは決ま
るのです。
速度などの単位量あたりの量の平均を求めるときは、これまで用
いてきた算術平均ではなく、調和平均といって「逆数の平均の逆数」
で求めることができますよ。この問題でもやってみてくださいね。
平均には他にも、加重平均や幾何平均というものもあります。

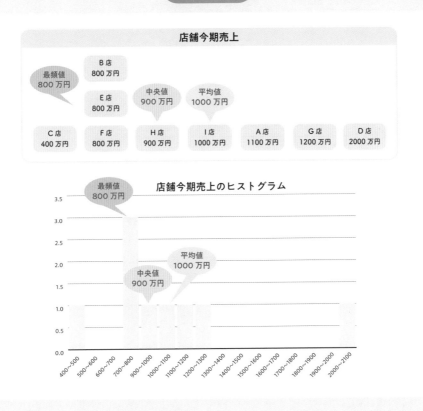

**店舗今期売上**

| | B店<br>800万円 | | |
| 最頻値<br>800万円 | E店<br>800万円 | 中央値<br>900万円 | 平均値<br>1000万円 |

| C店<br>400万円 | F店<br>800万円 | H店<br>900万円 | I店<br>1000万円 | A店<br>1100万円 | G店<br>1200万円 | D店<br>2000万円 |

**店舗今期売上のヒストグラム**

最頻値 800万円
平均値 1000万円
中央値 900万円

ヒストグラムや回帰曲線でもわかる通り、外れ値のD店には、売上を上げるヒントの可能性が隠れています。
例えば、店内の雰囲気がアットホームである、顧客のニーズに合わせて曜日によってメニューを柔軟に変更している等、顧客の満足度やリピート率を高める要因や工夫があるのかもしれませんね。それを他店でも展開すれば、全店の売上の向上が見込めますよ。

ここでも仮説的推論による分析手法が活用できますね。

そうですね。このような、業務効率向上のために成功事例からその要因を導き出す分析はベンチマークと呼ばれ、古典的な手法ながらもコンサルティング業界ではまだまだよく使われています。

サプリで減量の件でもこの手法で、大幅に減量した人からそのコツを探ることができるかもしれませんね。

「PDCA サイクル」という言葉は問題解決のためのプロセスとして聞いたことがあるのですが、それとは違うのですか？

「PDCA サイクル」は、汎用性の高い問題解決のための一連の手順であり、広く用いられています。
一方「PPDAC サイクル」は、統計を使って問題を考える際の、データの分析や活用に重きを置いた問題解決のための一連の手順のことで、データサイエンスにおける問題解決のためのアプローチとしても有効な方法です。

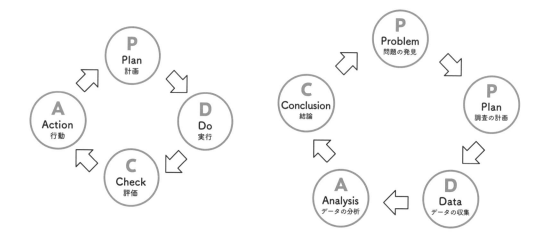

どちらのサイクルにおいても、ビジョンを明確にし、臨機応変にその見通しを修正しながら、問題の解決に向かって進み続けることが大切です。
PPDAC サイクルは、学校教育の STEAM 探究でも活用されています。

実際に PPDAC サイクルを使ってみましょう。

## P：Problem（問題の発見）

飲食店 A は売上を増やすために、ランチでのドリンクサービスを検討しているそうなのですが、そのドリンクはコーヒー・紅茶・緑茶のどれがいいでしょうか。

## P：Plan（調査の計画）

お客さんにアンケートを取ってみるのがいいですね。質問の項目や内容はどんなものがいいでしょうか？

性別や年齢、季節、家族連れかどうかなどを押さえておかないといけませんね。
ただ、項目が多すぎてもよくありません。
ランチの内容が和食・洋食・中華のどれなのかも考慮しなければなりませんね。

## D：Data（データの収集）

アンケートを実施して回収し、結果を表やグラフに示しましょう。

クロス集計の考え方をもとに、工夫が必要ですね。

## A：Analysis（データの分析）

その表やグラフからお客さんの希望を分析しましょう。

## C：Conclusion（結論）

性別や年齢など属性によって、希望が異なることがわかりました。

提供するものの方針が固まりそうですね！
目処が立ったら実践して、結果（売上が増えたかどうか）を確かめることが重要です。
そしてまた次の問題を発見し、その方策をPPDACサイクルで考え出していきます。

PPDACサイクルについて、よくわかりました！
でも、もっと気軽にデータを日常生活に活用するにはどうすればいいですか？

## PPDAC サイクルを使って①

### ●よく食べるえさ探し

教室で飼っているザリガニの元気がないね。
どうしたらいいかな。

図鑑に載っていた、スルメやかつお節、食パン、煮干しをあげようよ。

︙

まだ元気が出ないよ。えさが好みに合わないのかな？
……この図鑑に書いてある「えさ」って、生活の中にあるものばかりだね。
ということは、誰かがザリガニにいろいろなえさをあげて、調べたんだね。

だったら私たちも、このザリガニの好物を調べてみようよ。

子どもたちが調べた結果、このザリガニはドッグフードをよく食べ、その後元気になったそうです。
質的なデータを活用した仮説的推論による問題解決ですね。

コオロギにもドッグフードをあげてみたら、
元気に育ったよ。

これは、見つけた知識を活用した、
演繹的推論の活用ですね。

PPDAC サイクルを使って②

## ●算数のつまずきをなくすには？

### P：Problem（問題の発見）

▷「割り算の筆算」や「小数の割り算の筆算」ができない
　児童がいる。

### P：Plan（調査の計画）

▷これらは小学 2 年の「引き算の筆算」でのつまずきが原因
　であることが多い。

▷今回はまず、引き算の筆算のつまずきをなくす方法を考える。
　→引き算の筆算で児童たちがつまずきやすいポイントと、
　　その原因を洗い出していく。

### D：Data（データの収集）

▷引き算の筆算においてよくある間違い〈3 桁 − 3 桁（2 桁）
　の筆算での、空位の 0 を含む繰り下がり〉など、すべての
　型を含む 50 問の問題を作成する。

▷その問題を実際に児童たちに解いてもらい、誤答の多かっ
　た問題と児童について、「つまずき分析表」に整理する。

### A：Analysis（データの分析）

▷「空位の 0 があったら、常に 9 に繰り下げる」「加法にす
　る」など、誤りのタイプを想定してそれぞれのつまずき
　の原因を明らかにする。

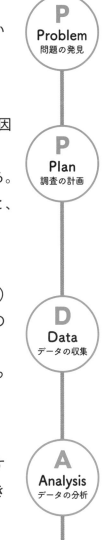

P
Problem
問題の発見

P
Plan
調査の計画

D
Data
データの収集

A
Analysis
データの分析

## C：Conclusion（結論）

▷児童たちは引き算の筆算の学習時に、計算の手続き（アルゴリズム）と結びつけた考え方が理解できていなかった。

→だから誤った計算方法が定着しており、間違えてしまっていた。

## P：Problem（次の問題発見へ）

▷特に、207 − 48 など、十の位が 0 で繰り下がりが十と一の位に及ぶ問題の計算方法を正しく理解させておくことが大切。

→具体的にはどうしたらいいか。

データを集めるだけではなく、そのデータをどのように整理して分析するかが重要なんですね。

## P：Plan（調査の計画）

〈3 桁 − 3 桁（2 桁）の筆算での、空位の 0 を含む繰り下がり〉など、すべての型を含む 50 問の問題を作成して実施する。

細かく分類して問題を作成すると、
つまずきやすいポイントがわかりますね！

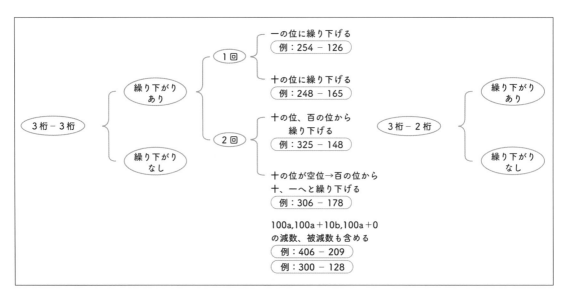

## D：Data（データの収集）

50問のテストを実施して集約する。誤答の多かった問題と児童について、「つまずき分析表」に整理する。

|     |     |     |     |     |     |
|-----|-----|-----|-----|-----|-----|
| (1) 789 − 654 | (2) 436 − 213 | (3) 746 − 218 | (4) 549 − 261 | (5) 327 − 119 | (6) 437 − 148 |
| (7) 626 − 339 | (8) 556 − 277 | (9) 823 − 256 | (10) 428 − 15 | | |

```
 (1)    (2)    (3)    (4)    (5)    (6)    (7)    (8)    (9)   (10)
 789    436    746    549    327    437    626    556    823    428
-654   -213   -218   -261   -119   -148   -339   -277   -256   - 15

(11)   (12)   (13)   (14)   (15)   (16)   (17)   (18)   (19)   (20)
 671    231    513    125    800    307    808    790    120    727
- 61   - 43   - 77   - 87   -500   -200   -205   -700   -110   - 15

(21)   (22)   (23)   (24)   (25)   (26)   (27)   (28)   (29)   (30)
 673    593    300    901    670    510    923    718    607    470
-302   -470   -210   -270   -307   -270   -209   -290   -126   -253

(31)   (32)   (33)   (34)   (35)   (36)   (37)   (38)   (39)   (40)
 800    900    503    707    300    400    602    801    540    820
-502   -309   -104   -509   -123   -246   -255   -347   -275   -368

(41)   (42)   (43)   (44)   (45)   (46)   (47)   (48)   (49)   (50)
 407    308    370    970    500    700    403    607    910    740
- 25   - 25   - 54   - 36   - 71   - 32   - 38   - 29   - 77   - 88
```

## 誤答の集約・分析「つまずき分析表」（SP表の発展版）

| 問題／学習者 | (24) 901 −270 631 | (28) 718 −290 428 | (39) 540 −275 265 | (40) 820 −368 452 | (41) 407 − 25 382 | (49) 910 − 77 833 | (29) 607 −126 481 | (34) 707 −509 198 | (33) 503 −104 399 | (14) 125 − 87 38 |
|---|---|---|---|---|---|---|---|---|---|---|
| A | 171 | 28 | 375 | 468 | 422 | 843 | 521 |     | 299 | 48 |
| B | 771 | 528 | 375 | 468 | 422 | 847 | 521 | 108 | 309 |    |
| C | 721 |     | 275 | 462 | 372 | 843 | 571 | 108 | 207 | 36 |
| D | 701 | 410 |     |     | 372 | 843 | 471 |     |     | 48 |
| E |     | 418 |     |     |     |     |     | 298 | 499 | 28 |
| F |     | 418 | 225 | 432 |     |     |     |     |     |    |
| G |     | 528 |     |     |     |     |     | 191 |     |    |
| H | 621 | 408 |     | 442 | 381 |     | 431 |     |     |    |
| I | 771 |     |     | 442 | 82  | 933 | 521 |     |     |    |
| J |     |     | 225 |     |     |     |     | 108 | 309 |    |

・縦軸に誤りの多い児童順、横軸に誤りの多い問題順に並べる。

・誤解があった問題のみを抽出する。

まず全体の特徴を把握し、次に個々の
データ間の関連を明らかにします。

このようにまとめると、どんな問題に間違い
が多いか、どのように間違っているのかなど、
いろいろなことが見えてきますね。

## A：Analysis（データの分析）

例）7番目に誤答が多かった（29）の誤答を分析する。

| 問題／学習者 | (24) | (28) | (39) | (40) | (41) | (49) | (29) | (34) | (33) | (14) |
|---|---|---|---|---|---|---|---|---|---|---|
| | 901 | 718 | 540 | 820 | 407 | 910 | 607 | 707 | 503 | 125 |
| | -270 | -290 | -275 | -368 | - 25 | - 77 | -126 | -509 | -104 | - 87 |
| | 631 | 428 | 265 | 452 | 382 | 833 | 481 | 198 | 399 | 38 |
| A | 171 | 28 | 375 | 468 | 422 | 843 | 521 | | 299 | 48 |
| B | 771 | 528 | 375 | 468 | 422 | 847 | 521 | 108 | 309 | |
| C | 721 | | 275 | 462 | 372 | 843 | 571 | 108 | 207 | 36 |
| D | 701 | 410 | | | 372 | 843 | 471 | | | 48 |
| E | | 418 | | | | | | 298 | 499 | 28 |
| F | | 418 | 225 | 432 | | | | | | |
| G | | 528 | | | | | | 191 | | |
| H | 621 | 408 | | 442 | 381 | | 431 | | | |
| I | 771 | | | 442 | 82 | 933 | 521 | | | |
| J | | | 225 | | | | | 108 | 309 | |

521 という誤答は十の位の0を、下から上に
引いてしまったことが原因と考えられますね。

そうですね。また、誤答が最も多かったAさんは、
(24)(41)も同じように誤っています。0の扱い
が苦手なのかもしれませんね。

(29)のCさんの571や、Dさんの471という
誤答の十の位の7は、百の位から10ではなく、
9を繰り下げてきた結果と考えられますね。(41)
も同じように間違っています。

このように、一人ひとりの誤答を分析して、そのタイプごとに分類してみましょう。

## 誤りのタイプ分類

① 減数＞被減数のときに、減数－被減数にする誤り

② 被減数の十の位が空位のときに、繰り下がりが上位2桁に及ぶと思いこみ、百の位から9を繰り下げる誤り

③ 繰り下げたのに1減にしていない誤り

④ 被減数＜減数のときに、もともとあった数を忘れる誤り

⑤ 被減数の一の位が0のときに、繰り下がりが上位2桁に及ぶと思いこみ、十の位に9を繰り下げる誤り

⑥ 被減数・減数ともに十の位が0の場合、十の位の答えは0として無視して計算する誤り

⑦ 減法ではなく、加法で計算する誤り

△ ケアレスミス

? 分析不能

7つの誤りのタイプに分類できました。

では、それぞれの誤答の下に、当てはまる分類番号を書いていきましょう。
同じ分類内で間違っていることが多いので、横の列を見ていくとよいです。同時に2つの分類に当てはまっていることもあります。設定した7つの誤りのタイプでは分類できない誤答が出てきたら、新しいタイプを加えていきます。
分類を進めていくと、だんだんつまずきの実態が明らかになってきますよ。

### ① 減数＞被減数のときに、減数－被減数にする誤り

| 問題 | (24) | (28) | (39) | (40) | (41) | (49) | (29) | (34) | (33) | (14) |
|---|---|---|---|---|---|---|---|---|---|---|
| | 901<br>-270<br>631 | 718<br>-290<br>428 | 540<br>-275<br>265 | 820<br>-368<br>452 | 407<br>- 25<br>382 | 910<br>- 77<br>833 | 607<br>-126<br>481 | 707<br>-509<br>198 | 503<br>-104<br>399 | 125<br>- 87<br>38 |
| A | 171<br>① | 28<br>△ | 375<br>③ | 468<br>① | 422<br>① | 843<br>③ | 521<br>① | | 299<br>△? | 48<br>③ |
| B | 771<br>① | 528<br>③ | 375<br>③ | 468<br>① | 422<br>① | 847<br>③ | 521<br>① | 108 | 309<br>⑥ | |
| C | 721<br>② | | 275<br>③ | 462<br>③ | 372<br>② | 843<br>③ | 571<br>②③ | 108 | 207 | 36<br>△ |
| D | 701<br>? | 410<br>④△ | | | 372<br>② | 843<br>③ | 471<br>② | | | 48<br>③ |
| E | | 418<br>④ | | | | | | | | 28<br>④ |
| F | | 418<br>④ | 225<br>④⑤ | 432<br>④⑤ | | | | | | |
| G | | 528<br>③ | | | | | | 191<br>④ | | |
| H | 621<br>② | 408<br>? | | 442<br>④ | 381<br>△ | | 431<br>? | | | |
| I | 771<br>① | | | 442<br>④ | 82<br>△ | 933<br>③ | 521<br>① | | | |
| J | | | 225<br>④⑤ | | | | | 108<br>⑥ | 309<br>⑥ | |

（D・E欄付近の吹き出し）
```
 607
-126
 521
```

誤答の多かったAさんとBさんは、上下逆に引く間違いを頻発していますね。筆算の方法の理解が十分でないのかもしれませんね。

### ② 被減数の十の位が空位のときに、繰り下がりが上位2桁に及ぶと思いこみ、百の位から9を繰り下げる誤り

| 問題 | (24) | (28) | (39) | (40) | (41) | (49) | (29) | (34) | (33) | (14) |
|---|---|---|---|---|---|---|---|---|---|---|
| | 901<br>-270<br>631 | 718<br>-290<br>428 | 540<br>-275<br>265 | 820<br>-368<br>452 | 407<br>- 25<br>382 | 910<br>- 77<br>833 | 607<br>-126<br>481 | 707<br>-509<br>198 | 503<br>-104<br>399 | 125<br>- 87<br>38 |
| A | 171<br>① | 28<br>△ | 375<br>③ | 468<br>① | 422<br>① | 843<br>③ | 521<br>① | | 299<br>△? | 48<br>③ |
| B | 771<br>① | 528<br>③ | 375<br>③ | 468<br>① | 422<br>① | 847<br>③ | 521<br>① | 108 | 309<br>⑥ | |
| C | 721<br>② | | 275<br>③ | 462<br>③ | 372<br>② | 843<br>③ | 571<br>②③ | 108<br>⑥ | 207<br>⑦? | 36<br>△ |
| D | 701<br>? | 410<br>④△ | | | 372<br>② | 843<br>③ | 471<br>② | | | 48<br>③ |
| E | | 418<br>④ | | | | | | 298<br>③ | 499<br>③ | 28<br>④ |
| F | | 418<br>④ | 225<br>④⑤ | 432<br>④⑤ | | | | | | |
| G | | 528<br>③ | | | | | | 191<br>④ | | |
| H | 621<br>② | 408<br>? | | 442<br>④ | 381<br>△ | | 431<br>? | | | |
| I | 771<br>① | | | 442<br>④ | 82<br>△ | 933<br>③ | 521<br>① | | | |
| J | | | 225<br>④⑤ | | | | | 108<br>⑥ | 309<br>⑥ | |

（G・H欄付近の吹き出し）
```
 5 9
 607
-126
 471
```

3番目・4番目に誤答の多かったCさんとDさんは、十の位が0だと、9を繰り下げてくると思い込んでいるみたいですね。誤った知識が定着したままなのかもしれません。

## ③ 繰り下げたのに1減にしていない誤り

| 問題 | (24) | (28) | (39) | (40) | (41) | (49) | (29) | (34) | (33) | (14) |
|---|---|---|---|---|---|---|---|---|---|---|
| | 901<br>-270<br>631 | 718<br>-290<br>428 | 540<br>-275<br>265 | 820<br>-368<br>452 | 407<br>- 25<br>382 | 910<br>- 77<br>833 | 607<br>-126<br>481 | 707<br>-509<br>198 | 503<br>-104<br>399 | 125<br>- 87<br>38 |
| A | 171<br>① | 28<br>△ | 375<br>③ | 468<br>① | 422<br>① | 843<br>③ | 521<br>① | | 299<br>△? | 48<br>③ |
| B | 771<br>① | 528<br>③ | 375<br>③ | 468<br>① | 422<br>① | 847<br>⑥ | 521<br>① | 108<br>⑥ | 309<br>⑥ | |
| C | 721<br>② | | 275<br>③ | 462<br>③ | 372<br>② | 843<br>③ | 571<br>②③ | 108<br>⑥ | 207<br>⑦? | 36<br>△ |
| D | 701<br>? | 410<br>④△ | | | 372<br>② | 843<br>③ | 471<br>② | | | 48<br>③ |
| E | | 418<br>④ | | | | | | 298<br>③ | 499<br>③ | 28<br>④ |
| F | | 418<br>④ | 225<br>④⑤ | 432<br>④⑤ | | | | | | |
| G | | 528<br>③ | | | | | | 191<br>④ | 6 10<br>7̸1̸8<br>-290<br>528 | |
| H | 621<br>② | 408<br>? | | 442<br>④ | 381<br>△ | | 431<br>? | | | |
| I | 771<br>① | | | 442<br>④ | 82<br>△ | 933<br>③ | 521<br>① | | | |
| J | | | 225<br>④⑤ | | | | | 108<br>⑥ | 309<br>⑥ | |

誤答数の多い子に、集中している間違いですね。足し算で検算するのはよい方法ではあるのですが…。

## ⑤ 被減数の一の位が0のときに、繰り下がりが上位2桁に及ぶと思いこみ、十の位に9を繰り下げる誤り

| 問題 | (24) | (28) | (39) | (40) | (41) | (49) | (29) | (34) | (33) | (14) |
|---|---|---|---|---|---|---|---|---|---|---|
| | 901<br>-270<br>631 | 718<br>-290<br>428 | 540<br>-275<br>265 | 820<br>-368<br>452 | 407<br>- 25<br>382 | 910<br>- 77<br>833 | 607<br>-126<br>481 | 707<br>-509<br>198 | 503<br>-104<br>399 | 125<br>- 87<br>38 |
| A | 171<br>① | 28<br>△ | 375<br>③ | 468<br>① | 422<br>① | 843<br>③ | 521<br>① | | 299<br>△? | 48<br>③ |
| B | 771<br>① | 528<br>③ | 375<br>③ | 468<br>① | 422<br>① | 847<br>⑥ | 521<br>① | 108<br>⑥ | 309<br>⑥ | |
| C | 721<br>② | | 275<br>③ | 462<br>③ | 372<br>② | 843<br>③ | 571<br>②③ | 108<br>⑥ | 207<br>⑦? | 36<br>△ |
| D | 701<br>? | 410<br>④△ | | | 372<br>② | 843<br>③ | 471<br>② | | | 48<br>③ |
| E | | 418<br>④ | | | | | | 298<br>③ | 499<br>③ | 28<br>④ |
| F | | 418<br>④ | 225<br>④⑤ | 432<br>④⑤ | | | | | | |
| G | | 528<br>③ | | | | | | 191<br>④ | 4 9<br>5̸4̸0<br>-275<br>225 | |
| H | 621<br>② | 408<br>? | | 442<br>④ | 381<br>△ | | 431<br>? | | | |
| I | 771<br>① | | | 442<br>④ | 82<br>△ | 933<br>③ | 521<br>① | | | |
| J | | | 225<br>④⑤ | | | | | 108<br>⑥ | 309<br>⑥ | |

誤りのタイプ②と同様に、0があるといつも9を繰り下げると決めているみたいですね。0が苦手なんでしょうね。
それに、誤りのタイプ④の、もともとあった数も忘れる間違いも同時に発生しています。

## C：Conclusion（結論）

指導の改善のために、まずは…

- ・計算のもとになる考え方が理解できていないのか？
- ・計算の手続き上のつまずきなのか？

いずれかを見極めることが必要。

そのうえで、誤りのタイプに応じた指導を行います。

② 被減数の十の位が空位のときに、繰り下がりが上位2桁に及ぶと思いこみ、百の位から9を繰り下げる誤り

⑤ 被減数の一の位が0のときに、繰り下がりが上位2桁に及ぶと思いこみ、十の位に9を繰り下げる誤り

⑥ 被減数・減数ともに十の位が0の場合、十の位の答えは0として無視して計算する誤り

もとになっている後述の指導例のように、百円玉や十円玉、一円玉等を用いて、計算のもとになる考え方の理解を確実にしながら、計算の手続き（アルゴリズム）の定着・習熟を図っていく。

この類の問題に重点を置いて指導しつつ、計算の考え方と計算手続き、計算原理とアルゴリズムの結びつきを保持しながら引き算の筆算全体の理解と習熟による定着を促す。

① 減数＞被減数のときに、減数－被減数
　にする誤り

⑦ 減法ではなく、加法で計算する誤り

計算の手続きが誤っていることを指摘し、できるかどう
かを確かめてできるようになるまで繰り返し学習させる。

③ 繰り下げたのに１減にしていない誤り

④ 被減数＜減数のときに、もともと
　あった数を忘れる誤り

計算手続き上のミスを防ぐための操作（もとの数に斜線
を入れ１減した数を書いておく、もともとあった数を足
したときに○で囲むなど）を習慣づけさせる。

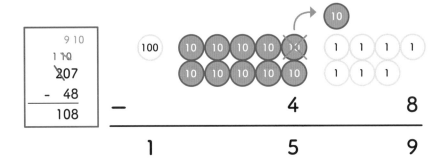

**例** 100 を 90 と 10 に分けて、十と一の位に繰り下げる指導

足し算で検算することを習慣づけさせるのもいいですね。〈0 を含んで繰り下がる問題〉を重点的に取り組ませるのもいいと思います。

それらの試みの成果をデータで確かめて、改善策や次の課題を見つけ、どんどんいいものにしていくことが「PPDAC サイクルを使いこなす」ことなのですよ。

エビデンスや結果が大切だということがよくわかりますね。良い結果が出れば、その方法をみんなに広めて共有の成果にする。結果が良くなければ、課題としてシェアし、みんなでよりよい方法を探っていくのですね。

分析においては、次ページのような方法も有効です。

●新しい答案用紙に全員の誤答を集約し、それをもとに誤答の
集約と分析を行う方法

(24)
901
-270

| 731 丁 | 721 一 |
| 639 一 | 621 丁 |
| 771 丁 | 171 一 |

(25)
670
-307

| 373 正 |
| 367 一 |
| 263 一 |

(29)
607
-126

| 471 一 | 531 下 |
| 571 丁 | 421 丁 |
| 521 正 | 431 一 |

(30)
470
-253

| 223 一 |
| 117 一 |
| 227 下 |

Data（データの収集）と Analysis（データの分析）
を使った手間がかからない簡便な方法だから、
日常的に使えますね。

学級全体のつまずきの実態がわかるので、効果
的な教え直しができるのがメリットですね。
デメリットは、だれが、どこを、どのように間
違えているかが把握しにくいところです。間違
いが集中したところを指摘するだけで、書き取
りテストの後の学び直しにも効果的ですよ。

一斉指導と個別指導を効果的に組み合わせて
使い分ければいいのですね。

# データを生活に活かす

データを日常の生活に役立てるには、データの大きな数値に惑わされず、「自分ごと」に翻訳するとよいですよ。

## 「自分ごと」への翻訳例

「1兆円の減税」　→　日本の人口は、約1億2000万人。翻訳しやすいように端数を切り捨て1億人とすると、
(1兆)÷(1億)=(1万)
**「1人につき、1万円の減税」**と捉えることもできる。

「大手の衣料メーカーの売上が約8400億円」　→　(8400億)÷(1億)=8400
**「1人あたり、8400円の衣服を買っている」**と捉えることもできる。
※1億2000万人とすると、1人あたり7000円となる。

「タウリン1000mg配合」　→　**「タウリン1g配合」**

「1GB増量」　→　**「動画を2時間視聴できる」**

「ハノイの塔は、1883年に仏の数学者が考案した玩具」　→　**「約140年も前にプログラミングの考え方につながる再帰的アルゴリズムの玩具が考案されていた！」**

割合や単位量あたりの考え方を捉え直して、自分にとって身近な単位や、実感しやすい表現に言い換えるといいんですね！

## フェルミ推定

1938 年にノーベル物理学賞を受賞したエンリコ・フェルミに由来する論理的な推論の考え方。実際に把握することが困難で捉えどころのない数値を、いくつかの手がかりをもとに論理的に推論し概算する方法。
外資系企業やコンサルティング企業の面接試験などに採用されているほか、欧米の学校教育において科学的な思考力を養うためにも用いられている。

### 例 題

シカゴに必要なピアノ調律師は何人ですか？

まず、シカゴの人口を 300 万人、1 世帯の人口を平均 3 人、5 世帯に 1 世帯ピアノがあると推定すると、ピアノの数は 20 万台。

次に、平均して年に 1 回の調律が必要で、調律師は 1 日に平均 3 軒回ることができると仮定し、1 年に 250 日働くとすると、1 年で 750 軒回ることになる。

20 万台のピアノに対し、1 人で 750 軒回るとすると、約 270 人が必要だから、答えは 270 人必要になることになる。

すごい、概算と論理的思考でこんな推論ができるんですね！

フェルミ推定で問われるのは、結果の正しさではなく、論理を筋道立てて考えられるかどうか。後述する論文の展開と同じです。

# 「自分ごと」の翻訳やフェルミ推定の問題で役立つ
## 知っておきたい概数

・日本の人口：1.2 億人　　　　　　　　　　　（2023 年 12 月時点）

・世帯数：6000 万世帯

・平均世帯人数：2 人

・平均寿命：84 歳

・平均年収：460 万円

・給与所得者数：6000 万人

・1 年に生まれる子どもの数：78 万人

・フリーターの人口：176 万人（若年層）

・フリーターの年間平均収入：200 万円

・東京都の人口：昼間は 1675 万人、夜間は 1405 万人

・国土の面積：38 万 $km^2$（平地 30％、山岳地 70％）

・小学校の数：1 万 9000 校　・中学校の数：1 万校　・高校の数：4800 校

・大学の数：800 校　・短期大学の数：300 校

・大企業の数：1.1 万社／中企業の数：53 万社／小企業の数：300 万社

## 「3分で考えを述べなさい」——論理的に話すトレーニング——

> 面接試験などで「3分であなたの考えを述べてください」と言われたら、どうすればいいですか。

> まず結論を言って、次にそのわけを、そして具体例、最後にもう一度結論。この順番で話すといいですよ。

### 例：「学校教育においてテストが大切かどうか」について述べなさい

**結論**　私は、テストはとても大切だと思います。

**そのわけ**　テストがないと、学習内容を理解したか、できるようになったか等、学習成果の確かめができないからです。

**具体例**　要所、要所で学習内容を反映した妥当性のあるテストをせずに授業を積み重ね、後になってまったく成果が上がっていなかったことに気づいても手遅れになります。これは学習者にとってはとても不利益なことです。なぜなら、学校はわかることやできることが増え、考える力等が付き、その成果をみんなにも認められ、賢くなって自信が付くところだからです。学校は退屈を学び、知的好奇心と自尊心を失うところではないのです。
学習の成果を学習者に返して今後のがんばりどころを示し、指導者に返して授業の改善を図り、保護者に返して学習の実態を伝えるためにも、テストは欠かせないエビデンスです。さらにテストがあるから学習をする、テストがないと学習しないという残念な事実もあります。

**結論**　したがって、私はテストはとても大切だと思います。

## 「3分で考えを述べなさい」から「論文」へ ——論文の書き方——

「まず結論、次にそのわけ、そして具体例、最後に結論」、3分で話すときの展開って論文に似てそうです。

論理的な文だから「論文」なんですが、論文では3つの柱を立てていきます。

① 問い…与えられた問い、または自分で立てた問い
② 答え…問いに対する明確な答えの主張
③ 論証…主張を裏付ける事実や理論的根拠の提示

3分での話でトレーニングしたので、論文も書けそうです。論文の書き方を教えてください。

3つの柱が論文の本体で、その前後にアブストラクトや注を付ければいいですよ。

### 論文の書き方

① **アブストラクト**…論文の概要を簡単にまとめたもの

　　　　　・どのような問いに対し、何を明らかにしようとしたのか。

　　　　　・どのように取り組み、どんな結論に至ったのか。

　　　　　＊多くの場合、ここで論文の価値が判断される。

② **本体**……………3つの柱

　　　　　　　　・問いによる問題提起、そして答えとしての
　　　　　　　　　自分の主張、主張を裏付ける論証

　　　　　　　　＊重要なのは論証の説得力。結論の正しさ
　　　　　　　　　に過度にこだわる必要はない。

③ **まとめ**

④ **引用文献・参考文献**…自分の主張の根拠となった考え方や研
　　　　　　　　　　　　究成果などを記した文献

　　　　　　　　＊必ず正しく記載する。

あいまいな表現や、はぐらかすことは
厳禁です。思い出や感想、エピソード、
言い訳、忖度も不要です。

**例：算数科の学習によるデータサイエンスの考え方の養成**

**①アブストラクト**

　　　　　論理的・批判的思考を基盤にデータ科学推論及び帰納的、
　　　　演繹的、仮説的推論を構成要素とするデータサイエンス
　　　　の考え方は、算数科の教科内容の学習で養成できること
　　　　を立証する論文である。そのためにまずデータサイエン
　　　　スの考え方とはどのようなものであるかを算数及び日常
　　　　生活の問題解決場面で明らかにし、それを養成するため
　　　　の方法について算数科のカリキュラム構成における工夫
　　　　と、めざす能力から直接内容を導き出してのプログラム
　　　　化からのアプローチを提示した。さらに、算数科の学習
　　　　におけるデータサイエンスの考え方は「t検定」や「カイ
　　　　2乗検定」の考え方の理解を支えることについても明らか
　　　　にした。

**②本体** ### 答えとしての自分の主張

データサイエンスで求められる考え方とはデータに基づいて問題を解決するための論理的・批判的思考であり、論理学や集合、確率、関数等をもとにして、算数の「データの活用」領域の学習から発展する正規分布や標準偏差等を内容とする「データ科学推論」、認識論的で一般性、汎用性の高い帰納的推論、演繹的推論、仮説的推論を主な構成要素とするものである。以上の内容から成り立つデータサイエンスにおいて求められる見方・考え方は、算数科の教科内容に即して十分に養成できるものである。

### 主張を裏付ける論証

データサイエンスに求められる論理的・批判的思考と主な構成要素としての4つの推論方法の妥当性については、文献①においてその正しさが明らかにされている。これを算数科で養うための具体的な内容については文献②によって具体的にプログラム化されており、それらが学習指導要領・教育課程の目標である資質・能力の中核に位置付くものと同一であること、及び算数科で効果的に養成できることについては、②の著者による文献③において明らかにされている。

**③まとめ** 算数科の教科内容に「データの活用」領域があり、平均や度数分布表等が含まれている。さらに、データサイエンスの考え方の学問的基礎としての論理や集合、確率、関数等についてもその基礎的な知識・技能・考え方については学んできている。算数科のカリキュラムは、これらの学習を始めとして、帰納的、演繹的、仮説的推論をもとに教科内容の知識や技能、数学的な考え方を導き出すことによって成り立っている。これらを効果的に、統合して学習すれば、次のように、検定を支える考え方を理解することも難しいことではない。

例えば、5回のじゃんけんを連続して勝てる人はじゃんけんの達人といえるかどうか。

これを立証する、つまり「じゃんけんで負けない」を立証するには、棄却されることを期待して「じゃんけんで負ける」という仮説を立てる。5回連続で勝つ確率は3.12%であり、これは偶然では起こりにくく、きわめてまれにしか起こらないことである。それが起こっているということは、「じゃんけんで負ける」という仮説は棄却されて、「じゃんけんで負けない」ことが立証される。いわゆる検定でいうp値を5%に設定しても、十分に棄却できる事象である。このような論理は、知的な納得とともに十分に理解できる内容である。

## ④引用文献・参考文献

①科学的論理思考のレッスン　高木敏行・荒川哲著　BOW&PARTNERS　2022
②はじめにひらくデータサイエンスの本 ── 文系のための論理的・批判的思考を育成するプログラム ── 加藤明著　金木犀舎　2024
③新学習指導要領をひもとく ── PDCAサイクルによる教材開発と展開、評価の方法 ── 加藤明著　文溪堂　2019

# データに利用される側にならないために

## ① 批判的に見る

- 論理的に正しいかどうか？
  - …そもそもの前提条件はおかしくないか、論理展開に飛躍はないか、結論はおかしくないか。意図的・非意図的かを問わず、はじめの問題がいつの間にかすり替わってしまっているということもあるので、つねに当初の議論の目的を忘れないように意識する。
- 発信者側の都合のいいデータだけを提示されていないか？
  - 例）合格実績：合格者数や合格率の数字だけを見るのではなく、受験者数に対する合格者数なども確認する。
- データの数は十分か？
  - …平均は、最低でも30以上のデータ数（無作為に抽出されたもの）が必要。外れ値の扱いにも注意する（ベンチマークとしての価値がある場合もある）。判断にあたっては、データを「自分ごと」に翻訳するとよい。
- 常識的に考えておかしくないか？
  - …世の中においしい話はない。

## ②重大な決断は、すぐにはしない

直感的に変だと感じたら即断せず、判断を一時保留して、一旦その場から離れて時間をおき、あらためて考えて判断する。また、必ず誰かに相談すること。
  - …その間に、それまで気づかなかったものが見えてくることもある。冷静な判断のためには、自分を客観視・メタ認知すること、物事を多面的に見ることが大切。

「木を見て森を見ず」という言葉があるように、全体を見ないと判断を誤ります。
「虫の眼」だけでなく、「鳥の眼」を。それに世の中の流れをつかむ「魚の眼」を磨いておくことも大切ですよ。

# 日常的な考え方から、検定の考え方へ

私はじゃんけんが強いので、5回なら連続で勝てるんですよ。

それではやってみましょう！

1回目

…1回目は負けました。

勝つ確率は $\frac{1}{2}$、つまり50%なので、私が勝ったのは偶然かもしれません。

2回目

2回目も負けました。これも偶然でしょうか。

2回連続で勝つ確率は、$\frac{1}{2} \times \frac{1}{2} = \frac{1}{4}$、つまり25%。
これでもまだ偶然かもしれませんね。

3回目

3回目も負けました…。

3回連続で勝つ確率は、$\frac{1}{2} \times \frac{1}{2} \times \frac{1}{2} = \frac{1}{8}$、つまり 12.5%。
運が相当よければ可能性はありますね。

運ではなく、本当にじゃんけんに強いのか、そうでないかはどのように判断すればよいのでしょうか。

4回連続で勝つ確率は、$\frac{1}{2}$ の 4 乗で $\frac{1}{16}$、つまり 6.25%。
5回連続で勝つ確率は、$\frac{1}{2}$ の 5 乗で $\frac{1}{32}$、つまり 3.12%。
ここまでくると偶然ではなく、本当に強いといえるのではないでしょうか。

どうしてそういえるのですか？

正規分布で、標準偏差 2 倍の範囲より外側の 5% はほとんどないこととされ、その 5% を基準にして偶然かそうでないかを判断することが多いからです。
今回の場合、5回連続で勝つ確率は 3.12% なので、これは偶然やまぐれで起こったことではないと判断することができます。

平均

平均－標準偏差　　　　　平均＋標準偏差

平均－（標準偏差×2）　　　　　平均＋（標準偏差×2）

平均－（標準偏差×3）　　　　　平均＋（標準偏差×3）

標準偏差　標準偏差

| 2%<br>(2.1%) | 14%<br>(13.6%) | 34%<br>(34.1%) | 34%<br>(34.1%) | 14%<br>(13.6%) | 2%<br>(2.1%) |

68%

95%

99.7%

なるほど！

本当に強いかどうかを判定するには、統計学では「じゃんけんで負けない」と「じゃんけんで負ける」といった対立する仮説を立て、片方が正しくないことを立証してもう一方が正しいことを導くという、検証の手法がよく用いられます。

もう少し詳しく教えてください。

「じゃんけんで負けない」を立証するために、棄却されることを期待して「じゃんけんで負ける」という対立する仮説を立てます。じゃんけんで5回続けて勝つ確率は3.12％で偶然やまぐれでは起こりにくいことなのに、それが起こっている。つまり、「じゃんけんで負ける」という仮説は棄却されて、「じゃんけんで負けない」という仮説が正しいことが立証されます。このような論理がt検定やカイ2乗検定といった検定の考え方のもとになっています。

なるほど、そういう論理的な考え方のもとに検定が成り立っているのですね。納得しました。

これからも何事にも、論理的・批判的思考を働かせて、ときには観点を変更したりして、論理的に「なるほど」と納得できるまで粘り強く問題と向き合い、解決するように心がけていきましょう。

## 加藤 明 （かとう あきら）

関西福祉大学学長

ノートルダム清心女子大学、京都ノートルダム女子大学、兵庫教育大学大学院、京都光華女子大学等を経て、2014 年 10 月より関西福祉大学学長。
文部科学省中央教育審議会専門委員（教育課程企画特別部会及び小学校部会）、「児童生徒の学習評価の在り方に関するワーキンググループ」委員、文部省（当時）学習指導要領「生活科」作成委員、文部科学省検定教科書「算数」「生活」編集委員などを歴任。

〈主な著書〉
『新学習指導要領をひもとく──PDCA サイクルによる教材開発と展開、評価の活用──』（文溪堂）、『「算数用語」ガイド──教材研究と授業づくりのために──』（文溪堂）、『絵本仕立て　割合がわかる本』（文溪堂）、『お母さんの算数ノート』（文溪堂）、『プロ教師のコンピテンシー──次世代型評価と活用──』（明治図書）、『改訂　実践教育評価事典』（共著、文溪堂）、『現代教育評価事典』（共著、金子書房）他

## はじめにひらくデータサイエンスの本
### 文系のための論理的・批判的思考を育成するプログラム

2024 年 4 月 6 日　初版第 1 刷発行

著　者　加藤 明
発行者　浦谷 さおり
発行所　株式会社 金木犀舎
　　　　〒 670-0901 兵庫県姫路市西二階町 120 番地
　　　　西松屋きものビル 6 階
　　　　TEL 079-229-3457　FAX 079-229-3458
　　　　https://kinmokuseibooks.com
印刷製本　シナノ書籍印刷株式会社